"认识中国·了解中国"书系

"十三五"国家重点出版物出版规划项目

北京市宣传文化高层次人才培养资助项目
"中国特色生态文明理论研究工作室"
(2017XCB038)
阶段成果

中国生态文明新时代

张云飞 周鑫 著

中国人民大学出版社
·北京·

序　言

作为当今世界上最大的发展中国家，中国的基础条件有着非常明显的特点。一方面，自然资源和各类能源总量大但人均占有量低；另一方面，经济社会发展水平不断提升但面临的资源环境瓶颈日益凸显。在这一现实条件下推进社会主义现代化建设，既需要发展体量与速度，又需要关注环境与生态效益。可以说，这是一项复杂而艰难的事业。尽管如此，本着为人民服务的根本宗旨，中国共产党始终关注人民群众的生态环境需要和生态环境权益，不断探索并逐渐形成了生态文明的理念、原则和目标，推动社会主义生态文明建设不断发展和完善。

从新中国成立伊始的绿化祖国行动，到确立节约资源、保护环境的基本国策，再到党的十一届三中全会以后，加强经济建设的同时注重环境保护工作，都体现了中国共产党人对于人与自然和谐共生规律的科学把握和不懈追求。基于对中国人口众多、资源能源相对不足的基本国情的认识，以及对于可持续发展理念的认同，中国政府于 1994 年发布了《中国 21 世纪议程》，成为全世界第一个确定国家级可持续发展战略的国家。1997 年，党的十五大报告明确将可持续发展确立为中国社会主义现代化建设的重大战略，并在党的十六大报告中明确全面建设小康社会的奋斗目标之一就是："可持续发展能力不断增强，生态环境得到改善，资源利用效率显著提高，促进人与自然的和谐，推动整个社会走上生产发展、生活富裕、生态良好的文明发展道路。"① 可以说，党的十六大首

---

① 中共中央文献研究室. 十六大以来重要文献选编：上［M］. 北京：中央文献出版社，2005：15.

次将可持续发展提升到社会文明结构的层面，成为生态文明建设思想的酝酿和起步阶段，为社会主义生态文明建设思想的完善和成熟奠定了基础。在此基础上，2007 年，党的十七大报告进一步明确了生态文明的理念、原则和目标，将生态文明作为实现全面建设小康社会奋斗目标的新要求之一："基本形成节约能源资源和保护生态环境的产业结构、增长方式、消费模式。循环经济形成较大规模，可再生能源比重显著上升。主要污染物排放得到有效控制，生态环境质量明显改善。生态文明观念在全社会牢固树立。"[①] 科学发展观要求必须"坚持生产发展、生活富裕、生态良好的文明发展道路，建设资源节约型、环境友好型社会"，同时，将其作为生态文明建设的实质，从而初步搭建了生态文明建设与经济建设、政治建设、文化建设和社会建设关系的理论基础。在此基础之上，党的十八大将生态文明纳入中国特色社会主义"五位一体"总体布局，提出建设美丽中国，走向社会主义生态文明新时代。党的十八大报告对生态文明建设的制度和政策进行了详尽安排，表明中国共产党在生态文明建设的理论、制度和政策等方面不断成熟。

党的十八大以来，中国社会的主要矛盾逐渐呈现出了新的变化，人民群众对于美好生活需要的期盼不断上升。中国共产党立足于满足人民群众日益增长的优美生态环境需要，谋划了一系列根本性、开创性和长远性工作，从理念、制度和实践等方面加大生态文明顶层设计和建设力度，并产生了一系列成果。在理念上，陆续提出绿色化、绿色发展以及人与自然和谐共生等科学理念，进而形成了习近平生态文明思想。在制度上，通过《中共中央关于全面深化改革若干重大问题的决定》、《中共中央关于全面推进依法治国若干重大问题的决定》、《中共中央 国务院关于加快推进生态文明建设的意见》、《生态文明体制改革总体方案》、《中共中央 国务院关于全面加强生态环境保护 坚决打好污染防治攻坚战的意见》以及《全国人民代表大会常务委员会关于全面加强生态环境

---

① 中共中央文献研究室．十七大以来重要文献选编：上［M］．北京：中央文献出版社，2005：16.

保护 依法推动打好污染防治攻坚战的决议》等顶层设计，推动建立和完善生态文明制度体系和法律保障体系，以制度和法律保障生态文明。在实践上，通过推进大气、水、土壤污染防治攻坚战，加强生态环境治理；通过推进国土空间规划和生态修复工程，加强生态环境保护；通过推动生态文明建设示范区和“无废城市”建设试点等工作，加强生态文明建设示范效应，进而全面推动生态文明建设实践。

党的十九大以来，以习近平同志为核心的党中央将生态文明建设提升到了前所未有的新高度，深刻回答了为什么建设生态文明、建设什么样的生态文明、怎样建设生态文明等一系列重大理论和实践问题。中国共产党人将坚持人与自然和谐共生作为新时代坚持和发展中国特色社会主义的基本方略之一，并在这一过程中形成了习近平生态文明思想。2018 年 5 月 18 日至 19 日，全国生态环境保护大会于北京召开。会议首次提出了习近平生态文明思想。这是中国共产党在探索和推进社会主义生态文明建设的进程中所形成的重大理论创新。作为一个完整的科学理论体系，习近平生态文明思想具有丰富的理论内涵。从“生态兴则文明兴，生态衰则文明衰”的生态历史观到“绿水青山就是金山银山”的绿色发展理念，从“生态环境是关系党的使命宗旨的重大政治问题”的生态政治意识到坚持人与自然和谐共生的基本方略，从“良好生态环境是最普惠的民生福祉”的生态价值取向到共谋全球生态文明建设的全球治理观，形成了一个完整的体系。可以说，习近平生态文明思想作为一个逻辑严密的科学体系，集中阐述了建设生态文明的重大理论和现实意义，为新时代中国推进生态文明建设提供了科学的指导思想。

在建设社会主义生态文明的新时代，中国共产党将“生态文明建设”写入了党章，并推动全国人民代表大会将生态文明建设写入了宪法，使之成为党和国家的行动指南。

在考察新中国 70 年生态文明建设历史线索的基础上，本书将集中对党的十八大、十九大以来中国生态文明建设理论与实践进行系统梳理，全方位展现中国生态文明建设的新时代。

第一，新中国成立以来我国生态文明建设的历史进程。按照逻辑和历史相统一的原则，我们可以将新中国 70 年的生态文明建设划分为以下阶段：1949—1978 年为新中国绿色建设的探索期，1978—1992 年为生态文明领域主要基本国策的确立期，1992—2007 年为可持续发展战略的推进期，2007—2012 年为生态文明建设的规划期，从 2012 年党的十八大至今为新时代生态文明的攻坚期。通过考察五个历史时期的生态文明建设进程，我们可以发现，追求人与自然的和谐共生是中国共产党人治国理政的基本追求。

第二，习近平生态文明思想的丰富内涵。习近平生态文明思想是习近平新时代中国特色社会主义思想的重要组成部分，为社会主义生态文明建设提供了方向指引和根本遵循。从其理论创新的主要观点来看，“习近平生态文明思想聚焦人民群众感受最直接、要求最迫切的突出环境问题，深刻阐述了生态兴则文明兴、人与自然和谐共生、绿水青山就是金山银山、良好生态环境是最普惠的民生福祉、山水林田湖草是生命共同体、用最严格制度最严密法治保护生态环境、建设美丽中国全民行动、共谋全球生态文明建设等一系列新思想新理念新观点，对生态文明建设进行了顶层设计和全面部署，是我们保护生态环境、推动绿色发展、建设美丽中国的强大思想武器”①。从其哲学思维来看，习近平生态文明思想具有科学的历史视野、经济视野、政治视野、文化视野、社会视野以及全球视野，是一个博大精深的思想体系。

第三，绿色发展是生态文明建设的科学理念和现实路径。绿色发展着重解决和实现的是人与自然和谐共生的问题。坚持人与自然和谐共生是新时代坚持和发展中国特色社会主义的十四条基本方略之一。我们要通过大力调整经济结构和能源结构、优化开发布局和产业布局、培育清洁产业和环保产业、推进资源节约与循环利用以及推动生活方式和消费方式的绿色化等措施，来推动和实现绿色发展。显然，生态文明是推动构建高质量、现代化的经济体系的内在要求和科学导引。

---

① 全国人民代表大会常务委员会关于全面加强生态环境保护 依法推动打好污染防治攻坚战的决议［M］. 人民日报，2018-07-11（4）.

第四，大力构建生态文明体系。生态文明体系是应对现实存在的生态环境问题的系统对策，是实现生态文明建设理想愿景的系统举措。因此，通过构建生态文化体系、生态经济体系、生态文明目标责任体系、生态制度体系以及生态安全体系，可以搭建起生态文明的基本框架，能够使新时代加强生态文明建设成为一项更加科学合理、清晰有力的社会系统工程。

第五，积极参与全球生态治理。中国在推动国内生态文明建设的同时积极推动世界生态文明建设，在加强国内生态治理的同时积极参与国际生态治理，在建设富强美丽的中国的同时积极促进“清洁美丽的世界”的建设。在这个过程中，中国坚持社会主义生态文明的国际正义原则，按照构建人类命运共同体的科学理念，为全球生态文明建设和全球生态治理提供了中国方案，贡献了中国智慧。现在，中国已经成为世界生态文明的倡议者、参与者和贡献者。2016 年，联合国环境规划署发布《绿水青山就是金山银山：中国生态文明战略与行动》专题报告，标志着中国的生态文明理念已经走向世界。

2018 年 5 月 18 日，按照党的十九大精神，习近平总书记在全国生态环境保护大会上为新时代中国的生态文明建设提出了明确的时间表。到 2035 年，确保中国的生态环境质量实现根本好转，美丽中国目标基本实现；到本世纪中叶，物质文明、政治文明、精神文明、社会文明、生态文明全面提升，绿色发展方式和生活方式全面形成，人与自然和谐共生，生态环境领域国家治理体系和治理能力现代化全面实现，建成美丽中国。因此，生态文明不仅意味着天蓝、地绿、水清的美丽中国，也意味着绿色将是新时代中国特色社会主义的鲜亮底色之一。中国的生态文明建设不仅对于中国具有极其重大的战略意义，其影响也将是世界性的。

我们深信，在习近平生态文明思想的指导下，在中国共产党的领导下，经过全体中国人民的共同努力，中国必将走向社会主义生态文明新时代，成为世界生态文明的先行者。

目　录

China's Ecological Civilization in the New Era

第1章

中国生态文明建设的历史进程

1 中国生态文明建设的历史进程

中华人民共和国成立以来，随着社会主义建设事业的不断推进，中国共产党人对于人与自然和谐共生规律的认识也在不断深化。从最初治山治水的简单生态治理，到后来统筹规划的国策设定，从接轨国际的重大战略，到立足全面小康的整体规划，再到新时代生态文明的体系化与制度化建设，中国生态文明建设呈现出了明显的阶段性，同时具有自身明显的发展脉络和特点，集中彰显着中国共产党人追求人与自然和谐共生的理想追求。

第 1 节　新中国绿色建设的探索期

1949 年到 1978 年，是新中国生态文明建设的第一个阶段。1949 年中华人民共和国成立之际，面对的不仅是一穷二白的经济环境，还有千疮百孔的生态环境。为了根治旧中国的病患，除了复苏经济，中国共产党人从新中国成立伊始就非常注重绿色建设，并且取得了较好成效。这一时期的生态治理和环境改善主要围绕植树造林、治山治水和治理工业“三废”等活动开展。

第一，大力开展植树造林。这一时期推进植树造林等环境保护运动具有一定的现实背景。其一，新中国成立后国内经济发展推进，生产生活所需木材等原材料供应不足；其二，黄河等重点江河流域生态环境恶劣，水土流失严重；其三，时任党和国家领导人对植树造林等运动的意义具有较为清楚的认识。在这一系列经济社会、环境和政策因素的推动下，植树造林、改善自然环境的运动顺理成章地开展起来。1955 年，毛泽东向全国人民发出了绿化祖国的号召。在《1956 年到 1967 年全国农业发展纲要（修正草案）》中明确提及，从 1956 年起，在 12 年内，在自然条件许可和人力可能经营的范围内，绿化荒地荒山。在一切宅旁、村旁、路旁、水旁，只要是可能的，都要有计划地种起树来。与此同时，在“垦荒精神”和“向困难进军”精神的鼓舞下，全国亿万青少年积极响应，开展了规模空前的绿化祖国、植树造林活动，有力地在全国范围内保持了水土并改善了生态环境。从 1955 年秋季到 1956 年春季，全国青年共植树 22 亿株，合计造林 546 万亩，1956 年参加植树造林的青少年多达 1.2 亿人。

第二，大力推进水利建设。新中国成立之初的中国农业基本上处于“靠天吃饭”的局面当中，面临的最大问题之一就是水患肆虐。治水成为民生大事，中央政府每年都要召开几次全国性会议以研究和解决治理水患的问题。为了治理黄河，20 世纪 50 年代先后建成了刘家峡、三门峡、人民胜利渠等重要水利设施；为了治理淮河，在 20 世纪 60 年代先后建成了佛子岭、梅山等 10 座大型水库及几百座小型水库；为了治理海河，则在十余年时间里前后修筑防洪大堤 4 000 余公里，建成水库 80 余座。这些水利工程不仅治理了水患、改善了生态环境，而且对流域的经济、社会和文化建设都起到了重要带动作用。

第三，大力改进环境卫生。新中国还面临着缺医少药、人民疾病丛生的困难局面。鉴于此，党和政府十分重视公共卫生事业建设，确立了“预防为主”的卫生工作方针和政策，建立、健全卫生防疫机构，建立医院分片负责制度，并积极开展农村合作医疗和群众卫生运动以减少传染病传播并改善卫生环境。同时，重视发展中医药在保障人民群众健康中的作用，积极发展中医药事业。中医学认为人体是一个有机整体，应重视人体自身的完整性，同时关注人与自然界的统一性。中医学的整体思想、药理机制等都充分考虑了人与自然的和谐统一，形成了诸多绿色药材和绿色疗法。1958 年，在对卫生部党组《关于组织西医离职学习中医班的总结报告》的批示中，毛泽东指出，“中国医药学是我国人民几千年来同疾病作斗争的经验总结”，“是一个伟大的宝库，必需继续努力发掘，并加以提高”①。正是基于这一时期中国对中医药的科学认识和持续研究，中国科学家屠呦呦从青蒿素中提炼出了治疗疟疾的医药，于 2015 年获得了诺贝尔生理学或医学奖。这样，中国人依托中医药实现了

---

① 中共中央文献研究室. 建国以来重要文献选编：第十一册［M］. 北京：中央文献出版社，1995：566.

自然科学领域诺贝尔奖的零的突破。1955 年，卫生部颁发了《传染病管理办法》，加强传染病治理工作。以天花为例，中国在 1959 年于云南扑灭最后一例天花；1962 年世界卫生组织确认中国已经全面消灭天花。1965 年底，中国建成各级各类卫生防疫站 2 499 家；至 1975 年，已建有卫生防疫站 2 912 家，有效改善了卫生环境，并提升了公众健康。

七律二首·送瘟神（1958 年 7 月 1 日）

毛泽东

绿水青山枉自多，华佗无奈小虫何！
千村薜荔人遗矢，万户萧疏鬼唱歌。
坐地日行八万里，巡天遥看一千河。
牛郎欲问瘟神事，一样悲欢逐逝波。

春风杨柳万千条，六亿神州尽舜尧。
红雨随心翻作浪，青山着意化为桥。
天连五岭银锄落，地动三河铁臂摇。
借问瘟君欲何往，纸船明烛照天烧。

（这两首诗为 1958 年毛泽东得知江西省余江县消灭血吸虫病后，感慨和欣喜之余所做的两首诗词。最早于 1958 年 10 月 3 日发表在《人民日报》上。）

第四，大力开展环境保护。从 1953 年开始，中国的工业建设开始大规模推进。同时，由于经验不足，一些工业环境污染等问题也开始出现，国家开始重视这一问题。1971 年，中国刚刚恢复联合国合法席位，便积极参与国际事务尤其是环境事务。1972 年 6 月，在瑞典斯德哥尔摩召开了联合国人类环境会议，这是联合国召开的第一次环境会议，更是中国恢复联合国合法席位后所参加的第一个联合国会议。在时任联合国人类环境会议的秘书长莫里斯·斯特朗的邀请下，根据时任国家总理周恩来的指示，中国派出了代表团参加这次会议，深入地了解了国际环境事务，并加入全球环境治理的队伍。同时，中国专家参与了作为会议准备材料的《只有一个地球》的写作。现在该书已经成为绿色经典之作。这次联合国人类环境会议通过了《人类环境宣言》。以 1972 年为标志，中国的环境保护也开始提上国家议事日程。1972 年以后，中国政府开始更多地倡导环境保护工作。

1973 年 8 月 5 日至 20 日，第一次全国环境保护会议在北京召开。会议代表来自不同省市，包括政府部门负责人、工厂代表以及科学界人士等。在为期半个月的大会上，代表们的发言充分反映了当时环境污染和生态破坏方面的突出问题，如广州湾、胶州湾和大连湾等海湾的污染非常严重，而且森林破坏、草原退化和水土流失状况都有所加剧，一些大城市如北京、上海等地的城市环境问题也比较集中，中央逐步认识到这些问题，并加大了对环境问题的重视程度。此次会议最终审议并通过了“全面规划、合理布局、综合利用、化害为利、依靠群众、大家动手、保护环境、造福人民”的环境保护工作 32 字方针和新中国的第一个环境保护文件——《关于保护和改善环境的若干规定》。这成为中国环境保护事业的第一个里程碑。

可见，在艰辛探索社会主义建设道路的过程中，尽管出现过“人有多大胆、地有多大产”的错误，但是，中国共产党和人民政府已经明确意识到保持人与自然和谐的必要性和重要性。当代中国的生态文明建设就是由此起步的。

第 2 节　生态文明领域基本国策的确立期

1978 年到 1992 年，为新中国生态文明建设的第二个阶段。1978 年，党的十一届三中全会做出了将全党和全国工作中心转移到经济建设上的决定，中国进入了改革开放的新时期。在改革开放的初期，中国积极倡导全民义务植树，将计划生育和环境保护确立为基本国策。

第一，倡导和开展全民义务植树活动。1981 年 7 月，四川盆地广大地区发生特大洪水，受灾严重。针对此次洪水，邓小平提出在全国开展义务植树运动的倡议。1981 年 12 月，五届全国人大四次会议通过了《关于开展全民义务植树运动的决议》。决议提出，植树造林，绿化祖国，是建设社会主义，造福子孙后代的伟大事业，是治理山河、维护和改善生态环境的一项重大战略措施。会议还决定开展全民性义务植树运动：凡是条件具备的地方，年满 11 岁的中华人民共和国公民，除老弱病残者外，因地制宜，每人每年义务植树三至五棵，或者完成相应劳动量的育苗、管护和其他绿化任务。1982 年，国务院颁布《关于开展全民义务植树运动的实施办法》，以国家法定形式将群众性植树活动固定下来。至 2017 年，中国的森林面积由 1981 年的 1.15 亿公顷增加到 2.08 亿公顷，森林覆盖率提升至 21.66%，森林蓄积量增加到 151.37 亿立方米。2019 年，美国国家航空航天局（NASA）资助的项目组发文指出，在 2000—2017 年全球绿化趋势当中，中国起到了卓越的主导作用，而中国绿化行为当中有 42%是来自森林①。全民义务植树活动时至今日依然在开展当中，成为全球持续时间最长、参与人数最多、成效最为显著的绿色建设壮举，产生了良好的生态效益和社会效益。

第二，确立和执行计划生育的基本国策。人口问题是影响资源环境承载力以及经济社会运行的重要因素，对于社会主义新中国尤为如此。中国人口众多、资源相对不足的特殊国情决定了实施计划生育基本国策的必要性。1949 年，中国大陆地区总人口数为 54 167 万；1962—1972 年，中国年均出生人口 2 669 万；至 1978 年末，中国大陆地区总人口数达到 96 259 万，增长速度明显过快。因此，从 20 世纪 70 年代以来，中国就开始探索控制人口增长、提高人口素质的人口政策。1971 年，国务院批转《关于做好计划生育工作的报告》，首次将控制人口增长的指标纳入国民经济发展计划。1980 年 9 月 25 日，中共中央发表了《关于控制我国人口增长问题致全体共产党员、共青团员的公开信》，号召每对夫妇只生育一个孩子，提倡晚婚、晚育、少生、优生，从而有计划地控

① Chi Chen, Taejin Park etc. China and India lead in greening of the world through land-use management [EB/OL]. https://www.nature.com/articles/s41893-019-0220-7.

制人口。自此，正式提出了计划生育的基本政策，拉开了全面推行计划生育的序幕。1982 年，党的十二大召开，正式把计划生育确立为一项基本国策，目标是到 20 世纪末，力争中国人口规模控制在 12 亿以内。同年，计划生育国策列入新颁布的宪法，强调国家推行计划生育，使人口增长与经济和社会发展计划相适应。随着实践的推进，计划生育基本国策逐渐深入人心，并得到了公众的理解、支持与响应，社会抚养比逐渐下降，人口红利得以增加。

第三，确立和执行环境保护的基本国策。1978 年，五届全国人大一次会议通过了《中华人民共和国宪法》。《宪法》明确规定："国家保护环境和自然资源，防治污染和其他公害。"这是新中国历史上第一次在宪法中对环境保护工作做出明确规定，为中国环境保护事业的发展奠定了宪法基础，开启了中国的环境法制建设进程。同年 12 月，中共中央批转了国务院环境保护领导小组第四次会议所通过的《环境保护工作汇报要点》，以中央名义发布中发（1978）79 号文件，强调实现四个现代化必须消除污染、加强环境保护，从而将中国的环保工作提升到了新的高度。1979 年，《中华人民共和国环境保护法（试行）》颁布，要求各级政府各部门在制定国民经济和社会发展计划时必须要统筹考虑保护环境，从而为经济社会与环境保护协调发展提供了法律依据和坚实保障。试行的环保法进一步加快了中国的环境法制建设，使环境保护工作步入法制化轨道。进入 80 年代后，环境保护事业开始规模化的稳步发展。在推进生态环境保护工作的进程中，如何正确处理好人口资源环境与经济社会发展之间的关系，具有重要的战略性意义。

第四，确立保护环境的基本国策，具有科学的依据。一方面，新中国成立以来人口的急剧增长，给环境和经济带来较大的压力；另一方面，保护资源和环境，也可以为工农业发展和社会运行带来基本保障。1983 年 12 月 31 日至 1984 年 1 月 7 日，国务院召开了第二次全国环境保护会议。会议指出，环境保护是中国开展现代化建设的一项战略任务，并将保护环境确立为基本国策。此次会议还制定了经济建设、城乡建设和环境建设同步规划、同步实施、同步发展，实现经济效益、社会效益、环境效益相统一的指导方针。1989 年 4 月 28 日至 5 月 1 日，第三次全国环境保护会议于北京召开。会议要求实行“预防为主，防治结合”、“谁污染、谁治理”和“强化环境管理”的三大环境政策。这标志着国家开始构建中国特色的环境管理制度。此外，会议还通过了《1989～1992 年环境保护目标和任务》和《全国 2000 年环境保护规划纲要》，初步提出了中国环境保护事业的规划，明确了到 20 世纪末中国环境保护工作的主要指标、步骤和措施。1989 年 12 月，试行十年的《中华人民共和国环境保护法》正式获颁。1990 年，在《国务院关于进一步加强环境保护工作的决定》中进一步提及，保护和改善生产环境与生态环境、防治污染和其他公害，是中国的一项基本国策。从此，保护环境的基本国策逐渐深入人心。

第五，贯彻和落实计划生育和环境保护基本国策的成效。中国的国策涉及诸多领域，那些以法律条文或党的报告的形式确定下来的基本国策，对于国家的经济发展、社会发展以及人民生活来说尤为重要。其中，涉及人口、资源和环境等相关领域的基本国策，对于生态治理和环境保护事业来讲都具有战略性和全局性的重要意义。在这一过程中，中国结合自身的实际国情，制定了一系列基本国策，在开展人口资源环境工作中发挥了重要的作用。

人口问题是中国长期面临的全局性、战略性问题，人口众多的基本国情及其对于资源环境和经济社会发展的压力不会轻易改变。与此同时，资源能源相对不足、生态环境承载力不强，也是中国将长期面临的基本国情。如果中国不能有效遏制人口的快速增长，就无法缓解人口增长对于土地、水资源等构成的巨大压力，那么若干年后生态环境恶化、经济社会负重前行将不可避免。基于此，计划生育和保护环境两项基本国策相得益彰，为中国人口数量的控制、人口素质的提升、资源环境的保护以及经济社会发展的能力和潜力，提供了坚实的保障。

自计划生育国策施行起，其对于人口问题的效应逐步显现。1982 年计划生育政策施行之年，全国总人口 10.15 亿，自然增长率为 14.49‰；至 1992 年，全国总人口 11.72 亿，自然增长率为 11.6‰。十年间中国人口增加 1.57 亿，年均增长 1 570 万人，人口增长速度得到了适当控制。与此同时，以基本国策的形式为开端，环境保护事业在中国开始落地开花。其一，中国基本国策的制定，与国际社会 20 世纪 80 年代提出可持续发展战略遥相呼应，十分切合中国实际与国际趋势；其二，保护环境的制度体系逐渐形成，第三次全国环境保护会议上提出的保护环境的三大政策和八项管理制度等，为贯彻落实保护环境基本国策打造了良好的制度框架；其三，以基本国策为导向，带动构建中国环保法律体系，以《环境保护法》为主，辅之以《水污染防治法》《大气污染防治法》《海洋环境保护法》等法律体系，为中国环境保护走向法治化奠定了坚实基础；其四，推动国家对于环境的管理从临时化走向正式化、常态化。从 1974 年 10 月成立国务院环境保护领导小组，到 1982 年 5 月在城乡建设环境保护部内设环境保护局，到 1984 年 5 月成立国务院环境保护委员会，到 1984 年 12 月城乡建设环境保护部环境保护局改为国家环境保护局，再到 1988 年 7 月成立独立的国家环境保护局（副部级），至此，环境管理部门正式成为国家的一个独立工作部门。环境保护在国家各级管理层面上也日益得到重视，保护环境成为国家的一项常态化工作。

总之，全民义务植树、计划生育、环境保护构成了改革开放新时期的重要特色。

第 3 节　可持续发展战略的推进期

1992 年到 2007 年，为新中国生态文明建设的第三个阶段。1992 年邓小平发表“南方谈话”之后，从党的十四届三中全会开始，我国将建立和完善社会主义市场经济体制作为经济体制改革的目标。在这一背景下，中国将可持续发展确立为社会主义现代化建设的重大战略。

1992 年 6 月，联合国在里约热内卢召开了“环境与发展大会”。会议通过了以可持续发展为核心的《里约环境与发展宣言》以及《21 世纪议程》等文件。可持续发展要求实现经济发展与人口、资源、环境相协调，促进人与自然和谐发展。人口众多、资源相对不足的基本国情，决定了中国必须坚持可持续发展战略。因此，自从可持续发展战略提出以来，中国一直是这一战略的坚定支持者和践行者。

第一，编制和颁布《中国21世纪议程》。1992年8月，中国成立了由国家计委和国家科委为组长单位、多部门为成员单位的领导小组，组织并指导《中国21世纪议程》的计划和编制工作。1993年10月，《中国21世纪议程》国际研讨会在北京召开。1994年3月，国务院第十六次常务委员会讨论通过这一历史性文本。《中国21世纪议程》涉及可持续发展总体战略与政策、社会与经济可持续发展以及资源的合理利用和环境保护等四大部分内容，确定了78个方案领域，并针对中国的环境与发展问题，拟订了近期目标、中期目标和长期目标。这充分兑现了中国作为一个负责任的社会主义大国对国际社会的庄重承诺。1994年7月7日至9日，中国21世纪议程高级国际圆桌会议在北京召开，会议获得圆满成功。国际社会高度赞扬中国在可持续发展道路上取得的成就，认为《中国21世纪议程》是1992年联合国环境与发展大会后第一部国家级的可持续发展战略，值得国际社会学习和效仿。

第二，确立可持续发展的战略地位。1995年，江泽民同志在中共十四届五中全会上讲话时论述了社会主义现代化建设中必须处理好的十二大关系，其中包括经济建设和人口、资源、环境的关系，要求在推进社会主义现代化建设的过程中，必须将实现可持续发展作为一项重大战略。1996年3月，中国将可持续发展战略与科教兴国战略一起纳入“九五”计划和2010年远景目标纲要。1997年9月，党的十五大报告进一步强调：“我国是人口众多、资源相对不足的国家，在现代化建设中必须实施可持续发展战略。”[①] 2000年，中国将保护生态环境全面纳入国民经济与社会发展规划。2001年7月，江泽民在庆祝中国共产党成立

① 中共中央文献研究室．十五大以来重要文献选编：上［M］．北京：中央文献出版社，2000：28.

80 周年大会上的讲话中，将促进人与自然的和谐发展、实施可持续发展战略以及走生产发展、生活富裕、生态良好的文明发展道路作为促进人的全面发展的主要规定和基本要求。可持续发展作为全面建设小康社会所必须坚持的发展战略之一，其最终目标就是实现经济发展与人口、资源和环境相协调，同时推动社会走上生产发展、生活富裕、生态良好的文明发展道路，保证一代又一代实现永续发展。2002 年 11 月，党的十六大提出全面建设小康社会的四大目标之一为：可持续发展能力不断增强，生态环境得到改善，资源利用效率显著提高，促进人与自然的和谐，推动整个社会走上生产发展、生活富裕、生态良好的文明发展道路。这样，通过党的代表大会报告的形式，提升并确认了可持续发展战略。

第三，贯彻和落实可持续发展战略的实际成效。这一时期，中国积极贯彻落实可持续发展战略，并取得了诸多实效。其一，在经济领域，国民经济持续快速健康发展。至 2006 年国内生产总值达 209 407 亿元，增速 10.7%，经济结构不断优化，人民生活水平显著提升。其二，在社会领域，人口增长过快趋势得到有效缓解，2006 年末总人口数近 13.14 亿，自然增长率为 5.28‰；社会福利保障更加稳定。其三，能源消费结构不断优化，资源利用水平不断提升，生态环境的恢复和重建工作稳步推进。2006 年森林覆盖率达 18.21%，水土流失治理面积达 9 749.1 万公顷。国家用于资源和生态环境保护的投入逐年增加，2006 年环境污染治理投资总额达 2 566 亿元，占 GDP 比重达 1.22%。国家和社会层面不断加大可持续发展能力的建设力度，可持续发展战略得到切实履行。

总之，确立、贯彻和落实可持续发展战略，充分体现了中国作为一个负责任的社会主义大国对国际责任的担当。

第 4 节　生态文明建设的规划期

2007 年到 2012 年，为新中国生态文明建设的第四个阶段。按照社会主义现代化建设“三步走”的战略，2003 年中国开始了从总体小康到全面小康的建设进程。在完善全面建设小康社会目标体系的过程中，按照科学发展观，中国共产党人创造性地提出了生态文明的原则、理念和目标。

第一，生态文明原则、理念和目标的提出。随着中国特色社会主义事业的不断发展，中国特色社会主义事业的总体布局也在不断趋于完善。2007 年 10 月，中国共产党召开了第十七次全国代表大会。最为引人瞩目的是，在这次代表大会的报告中，首次从经济、政治、文化、社会和生态五个方面提出了全面建设小康社会奋斗目标的新要求，进一步完善和优化了社会主义的文明体系。其中，对于建设生态文明进行了相应规划，明确了生态文明的原则、理念和目标，并将生态文明作为全面建设小康社会奋斗目标的新要求之一，强调生态文明观念在全社会的牢固树立。党的十七大报告进一步明确提及，要加强能源资源节约和生态环境保护，增强可持续发展能力；坚持节约资源和保护环境的基本国策，关系人民群众切身利益和中华民族生存发展；必须把建设资源节约型、环境友好型社会放在工业化、现代化发展战略的突出位置。此次以党的代表大会报告的形式，将生态文明建设的地位和战略意义明确提出，为中国的生态文明建设进行了科学规划和合理布局。会议要求贯彻落实科学发展观，坚持走生产发展、生活富裕、生态良好的文明发展道路，进而建设资源节约型、环境友好型社会；同时，会议将“两型社会”作为生态文明建设的目标，从而初步搭建了生态文明建设与经济建设、政治建设、文化建设和社会建设关系的理论基础。

第二，按照科学发展观推进生态文明建设。科学发展观是生态文明建设的指导思想。其一，以人为本是生态文明建设的价值取向。生态文明建设以广大人民群众的根本利益为出发点和落脚点，以保障人民群众的生态权益为价值目标，在此基础上统筹人与自然和谐发展，致力于实现人的自由和全面发展，体现了“以人为本”的价值理念和核心追求。其二，全面、协调、可持续是生态文明建设的基本要求。生态文明建设要求在追求经济社会发展的同时，充分考虑资源和生态环境的承载力，致力于实现资源的可持续利用、生态环境的平衡性以及整个社会的永续发展，既谋求代内公平，又关注代际公平，从而实现全面、协调、可持续的发展。其三，统筹兼顾是生态文明建设的根本方法。基于生态文明建设的价值取向和基本要求，推进生态文明建设必须坚持统筹兼顾的根本方法。这样，才能真正贯彻和落实科学发展观，在全面追求人的基本权利、社会发展的公平性和资源环境的持续性方面，实现生态文明建设与科学发展观的内在统一。

第三，制定和执行生态文明建设战略规划。2011 年 3 月，第十一届全国人民代表大会第四次会议审议通过了《中华人民共和国国民经济和社会发展第十二个五年规划纲要》。其中，第六篇专章对“绿色发展——建设资源节约型、环境友好型社会”进行了总体规划，明确提及应对气候变化、加强资源节约管理和循环经济建设、加大环境保护力度、促进生态保护和修复以及加强防灾减灾体系建设等内容。通过加强生态治理和环境保护，为国民经济和社会建设提供了前瞻性规划和基础性支撑。

第四，大力构建人与自然和谐的社会主义和谐社会。在贯彻和落实科学发展观的过程中，中国共产党人创造性地提出了构建社会主义和谐社会的战略构想。人与自然和谐发展，是和谐社会的基本规定和要求。这就是要走生产发展、生活富裕、生态良好的文明发展道路。这样，就明确了生态文明的社会制度依托。

第五，生态文明建设的实际成效。在科学发展观的指导下，这一时期的生态文明建设得到扎实推进。“十一五”时期，中国不断推进经济发展方式实现转变，调整产业结构和能源结构，大力解决危害人民群众健康以及影响经济社会发展的突出环境问题。“十一五”规划纲要将化学需氧量和二氧化硫作为主要污染物，目标是削减 10%；2010 年，全国化学需氧量和二氧化硫排放总量分别较 2005 年下降 12.5%和 14.3%。作为负责任大国，中国还积极推进节约能源并不断减少温室气体的排放，实现 2010 年单位国内生产总值能耗较 2005 年累计下降 19.1%，相当于累计减少排放二氧化碳 14.6 亿吨以上，为“十二五”中国的产业战略转型奠定了良好基础，同时为应对全球气候变化做出了中国贡献。

总之，中国共产党人在科学发展观的语境中提出了生态文明的原则、理念和目标，将社会主义和谐社会作为生态文明建设的制度依托。

第 5 节　新时代生态文明的攻坚期

2012 年至今，为新中国生态文明建设的第五个阶段。经过改革开放 30 多年的发展，至 2010 年，中国第二季度 GDP 总量超越日本，成为世界第二大经济体。与此同时，社会主要矛盾也开始呈现新的变化，不再是人民群众日益增长的物质文化需要同落后的社会生产之间的矛盾，而是人民日益增长的美好生活需要和不平衡不充分的发展之间的矛盾，人民群众对于优美生态环境的需要渐趋明显。然而，经过几十年的飞跃式发展，中国的资源能源开发呈现瓶颈，水资源、耕地和草地等农业资源日趋减少，大气、水和土壤污染问题亦十分突出。党的十八大以来，以习近平同志为核心的党中央把生态文明建设置于中国特色社会主义“五位一体”总体布局的高度，加快生态文明体制改革，大力推进生态文明建设，开启了生态文明建设的新篇章。

第一，生态文明是“五位一体”中国特色社会主义总体布局的重要一位。2012 年，中国共产党第十八次全国代表大会的报告，首次将大力推进生态文明建设进行了专章论述，这在全世界的执政党中尚属首次，反映了中国共产党的创新精神。党的十八大报告中明确指出：“建设生态文明，是关系人民福祉、关乎民族未来的长远大计。面对资源约束趋紧、环境污染严重、生态系统退化的严峻形势，必须树立尊重自然、顺应自然、保护自然的生态文明理念，把生态文明建设放在突出地位，融入经济建设、政治建设、文化建设、社会建设各方面和全过程，努力建设美丽中国，实现中华民族永续发展。”① “美丽中国”这一生态文明建

---

① 中共中央文献研究室. 十八大以来重要文献选编：上［M］. 北京：中央文献出版社，2014：30-31.

设蓝图和目标在党的十八大上第一次被写进了党的政治报告，生态文明也被纳入中国特色社会主义“五位一体”总体布局，并提出了走向社会主义生态文明新时代的号召。

可以说，这一时期既是经济社会发展的关键期，也是建设生态文明的攻坚期。2012 年，中国的国民生产总值达到 54.0367 万亿元，GDP 增速达到 7.9%，GDP 总量稳居世界第二位；与此同时，快速的经济发展也带来了环境负效应，空气污染、土壤污染和水体污染事件层出不穷。习近平同志多次强调，良好的生态环境是最普惠的民生福祉。因此，加大力度推进生态文明建设、塑造良好的人居环境成为这一时期经济社会发展的题中之义。

第二，大力推动生态文明制度建设和体制改革。党的十八大之后，一系列有关改善生态环境、加强生态文明建设的顶层设计相继出台。2013 年 11 月，中国共产党第十八届中央委员会第三次全体会议通过了《中共中央关于全面深化改革若干重大问题的决定》，提出“必须建立系统完整的生态文明制度体系”的要求，进一步细化和完善了十八大报告中对于生态文明制度建设的要求。在这之后，中国开始全面加快推进生态文明制度建设的步伐。2015 年，中共中央、国务院连续下发了《关于加快推进生态文明建设的意见》和《生态文明体制改革总体方案》。在《关于加快推进生态文明建设的意见》中，强调将健全生态文明制度体系作为生态文明建设的重点，要求不断深化制度改革和科技创新，建立系统完整的生态文明制度体系，到 2020 年，生态文明重大制度基本确立。基本形成源头预防、过程控制、损害赔偿、责任追究的生态文明制度体系，自然资源资产产权和用途管制、生态保护红线、生态保护补偿、生态环境保护管理体制等关键制度建设取得决定性成果。《生态文明体制改革总体方案》则进一步强调，到 2020 年，构建起由自然资源资产产权制度、国土空间开发保护制度、空间规划体系、资源总量管理和全面节约制度、资源有偿使用和生态补偿制度、环境治理体系、环境治理和生态保护市场体系、生态文明绩效评价考核和责任追究制度等八项制度构成的产权清晰、多元参与、激励约束并重、系统完整的生态文明制度体系。2015 年 10 月，党的十八届五中全会召开，会议要求牢固树立创新、协调、绿色、开放和共享的发展理念，要求坚持绿色发展、促进人与自然和谐共生。2016 年 3 月，《中华人民共和国国民经济和社会发展第十三个五年规划纲要》颁布。其中，第十篇专章论述关于加快改善生态环境的规划，要求以提高环境质量为核心，以解决生态环境领域突出问题为重点，加大生态环境保护力度，提高资源利用效率，为人民提供更多优质生态产品，协同推进人民富裕、国家富强、中国美丽。“十三五”规划将生态文明建设总体规划系统纳入中国的经济社会长期发展战略，这意味着引领中国未来发展之生态文明新时代已经开启。在此基础上，2016 年 11 月，国务院印发《“十三五”生态环境保护规划》，明确强调，“十三五”期间，经济社会发展不平衡、不协调、不可持续的问题仍然突出，多阶段、多领域、多类型生态环境问题交织，生态环境与人民群众需求和期待差距较大，提高环境质量，加强生态环境综合治理，加快补齐生态环境短板，是当前核心任务。

第三，坚持人与自然和谐共生的基本方略。2017 年 10 月，中国共产党第十九次全国代表大会召开。党的十九大报告对生态文明体制改革进行专章论述，指出要“加快生态文明体制改革，建设美丽中国”。十九大浓墨重彩描绘了新时代中国生态文明建设的蓝图，其中有几个突出的亮点：立足于中国特色社会主义实践，将促进人与自然和谐共生作为新时代坚持和发展中国特色社会主义的基本方略之一；立足于新时代社会基本矛盾和公众基本需求，认识到生态环境的治理与改善也是新时代中国共产党的基本使命之一；立足于满足人民日益增长的优美生态环境需要，强调牢固树立社会主义生态文明观，加快生态文明体制改革，建设美丽中国；立足于人类命运共同体的全球视野，向全世界庄严发出建设清洁美丽的世界的呼吁。习近平同志在党的十九大报告中强调，生态文明建设功在当代、利在千秋。

第四，确立习近平生态文明思想的指导地位。2018 年 5 月，在全国生态环境保护大会上，习近平同志指出，生态环境是关系党的宗旨和使命的重大政治问题，也是关系民生的重大社会问题。当前，生态文明建设正处于压力叠加、负重前行的关键期，已进入提供更多优质生态产品以满足人民日益增长的优美生态环境需要的攻坚期，也到了有条件有能力解决生态环境突出问题的窗口期。在此基础上，习近平同志强调，必须进一步明确新时代生态文明建设必须坚持的原则、加快构建生态文明体系、推动绿色发展等各领域的远景规划和具体要求。中共中央政治局常委、国务院副总理韩正同志在总结讲话中指出，“要认真学习领会习近平生态文明思想，切实增强做好生态环境保护工作的责任感、使命感”①。这样，中国共产党就正式确立了习近平生态文明思想，从而有力指导生态文明建设和生态环境保护取得历史性成就、发生历史性变革，为推进美丽中国建设、实现人与自然和谐共生的现代化提供了方向指引和根本遵循。

显然，党的十八大以来，我国在生态文明理论创新、实践创新、制度创新等方面取得了一系列重大成果。

综上，中华人民共和国成立以来，中国共产党人在科学把握人类社会发展规律、社会主义建设规律、共产党执政规律的基础上，力求科学把握人与自然和谐共生的规律，创造性地提出了生态文明尤其是社会主义生态文明的原则、理念和目标，不仅保证了中华民族的永续发展，而且为世界文明的发展做出了创造性的贡献。

---

① 坚决打好污染防治攻坚战 推动生态文明建设迈上新台阶［N］. 人民日报，2018-05-20 (1).

第2章

习近平生态文明思想的科学内涵

2 习近平生态文明思想的科学内涵

党的十八大以来，以习近平同志为核心的党中央立足于党和人民事业的长远规划，科学回答了为什么建设生态文明、建设什么样的生态文明、怎样建设生态文明等重大理论问题和实践问题。在这一进程中，提出了一系列有关生态文明建设的新理念、新思想以及新战略，进而形成了习近平生态文明思想。

习近平生态文明思想作为习近平新时代中国特色社会主义思想的重要组成部分，具有丰富的科学内涵。2018 年 5 月，习近平同志在全国生态环境保护大会上强调了当前生态文明建设所处的历史方位，提出了新时代推进生态文明建设应该遵循的原则和要求，明确了生态文明建设的目标和重点等一系列重大问题。在此次大会上，尤其清晰地阐释了新时代推进生态文明建设必须坚持的六项原则，即坚持人与自然和谐共生的原则、绿水青山就是金山银山的原则、良好生态环境是最普惠民生福祉的原则、山水林田湖草是生命共同体的原则、用最严格制度最严密法治保护生态环境的原则以及共谋全球生态文明建设的原则。“六项原则”指明了新时代建设社会主义生态文明所应该遵循的基本准则，为新时代推进生态文明建设提供了科学思路。2018 年 6 月，在《中共中央 国务院关于全面加强生态环境保护 坚决打好污染防治攻坚战的意见》中，进一步将习近平生态文明思想概括为八个方面，即坚持生态兴则文明兴、坚持人与自然和谐共生、坚持绿水青山就是金山银山、坚持良好生态环境是最普惠的民生福祉、坚持山水林田湖草是生命共同体、坚持用最严格制度最严密法治保护生态环境、坚持建设美丽中国全民行动以及坚持共谋全球生态文明建设。“八个坚持”揭示了习近平生态文明思想的核心要义，分别代表了这一思想体系中的历史观、自然观、发展观、价值观、系统观、制度观、行动观以及全球观。这一理论体系进一步丰富了新时代中国特色社会主义生态文明建设的理论和实践，为建设富强民主文明和谐美丽的现代化强国指明了方向，为推动建设清洁美丽的世界贡献了中国智慧。

这“六项原则”和“八个坚持”，都彰显了习近平生态文明思想的丰富内涵和完整体系，体现了中国共产党在社会主义生态文明建设进程中所实现的重大理论创新、实践创新和制度创新成果。具体来讲，可以从历史维度、经济维度、政治维度、文化维度、社会维度以及全球维度来详细考察习近平生态文明思想的丰富内涵和科学意蕴。

第 1 节　习近平生态文明思想的历史维度

习近平生态文明思想凝聚了中国共产党人对文明和生态关系的深刻的历史洞悉，是科学的生态历史观的集中体现。生态历史观就是从生态兴衰的高度审视文明兴衰的历史观。如司马迁在《史记〈报任安书〉》中所言："究天人之际，通古今之变，成一家之言。"马克思和恩格斯在《德意志意识形态》中曾经科学地指出，"我们仅仅知道一门唯一的科学，即历史科学。历史可以从两方面来考察，可以把它划分为自然史和人类史。但这两方面是不可分割的"①。作为历史科学的唯物史观，就是要研究自然史和人类史的关系。从生态的角度去考察人类史，是合乎历史规律的。诚如日本学者梅棹忠夫在《文明的生态史观》一书中所阐释的那样，生态条件的差异可以解释文明发展的不同路径，生态学的历史观亦能说明历史演变的规律性。习近平生态文明思想的历史视野集中体现为"生态兴则文明兴，生态衰则文明衰"的科学的生态历史观。

人类创造历史是以大自然为基础的。但是，人类对历史的研究却有着不同的视角。19 世纪早期，现代西方社会的历史叙事着重于政治、法律和宪政问题，至 19 世纪中晚期开始转向研究经济，至 20 世纪中期侧重于社会和文化研究，直到 20 世纪后半期才开始转向对于环境的研究。第二次世界大战以后，借助科技革命的力量，西方社会大力推进工业化和城市化，迅速积累了社会财富并实现了社会繁荣，然而，生态环境也遭到了肆意的破坏。基于这一历史现象，中国在开展社会主义现代化建

① 马克思，恩格斯．马克思恩格斯选集：第 1 卷［M］．3 版．北京：人民出版社，2012：146.

设的同时，不断研究西方社会的发展历史；在开辟中国特色社会主义事业的道路上，不断总结历史规律并实现科学发展。

党的十九大报告做出科学阐释，中国特色社会主义进入新时代，这是中国发展的新的历史方位。习近平生态文明思想的历史意蕴，可以从以下几方面来考察：

第一，立足本来，从中国历史脉络中寻求生态智慧的支撑。漫长的华夏历史中，农业发展史呈现了中华文明史的主体部分，而农业则集中彰显了人类处理人与土地以及整个自然关系的思想和行为。在中国的传统文化中，无论是对于“春耕夏耘秋收冬藏”季节节律的把握，还是“春三月，山林不登斧，以成草木之长；夏三月，川泽不入网罟，以成鱼鳖之长”的朴素生态智慧，都蕴含着丰富的生态思想。2013 年，习近平在十八届中央政治局第六次集体学习时的讲话中提到，中华文明传承五千多年，积淀了丰富的生态智慧，像“天人合一”“道法自然”这些质朴睿智的自然观，至今仍给后世人以警醒和启迪。2016 年，习近平在省部级主要领导干部学习贯彻党的十八届五中全会精神专题研讨班上的讲话中再一次强调：“我们的先人们早就认识到了生态环境的重要性。孔子说：‘子钓而不纲，弋不射宿。’意思是不用大网打鱼，不射夜宿之鸟。荀子说：‘草木荣华滋硕之时则斧斤不入山林，不夭其生，不绝其长也；鼋鼍、鱼鳖、鳅鳝孕别之时，罔罟、毒药不入泽，不夭其生，不绝其长也。’《吕氏春秋》中说：‘竭泽而渔，岂不获得？而明年无鱼；焚薮而田，岂不获得？而明年无兽。’这些关于对自然要取之以时、取之有度的思想，有十分重要的现实意义。”① 2018 年 5 月 18 日，习近平在全国生态环境保护大会上进一步指出：“中华民族向来尊重自然、热爱自然，绵延 5 000 多年的中华文明孕育着丰富的生态文化。”② 与此同时，习近平同志也十分强调保护生态环境、传承中华文化的重要意义。2016 年，他在宁夏考察时指出：“我要特别强调黄河保护问题。黄河是

① 中共中央文献研究室. 习近平关于社会主义生态文明建设论述摘编［M］. 北京：中央文献出版社，2017：11-12.

② 习近平. 推动我国生态文明建设迈上新台阶［J］. 求是，2019（3）.

中华民族的母亲河。现在，黄河水资源利用率已高达百分之七十，远超百分之四十的国际公认的河流水资源开发利用率警戒线，污染黄河事件时有发生，黄河不堪重负!”“沿岸各省区都要自觉承担起保护黄河的重要责任，坚决杜绝污染黄河行为，让母亲河永远健康。”[①] 由此可见，习近平生态文明思想正是立足于中华民族发展历史和传统文化基础之上，通过探寻前人智慧成果而不断丰富和发展起来的。

第二，借鉴外来，旨在促进人类社会可持续发展。在推进工业化、现代化的过程中，中国共产党人坚持走中国特色社会主义发展道路，尤其是在资本主义生态危机的全球性扩展态势下，认识到不能照搬欧美模式，因为对于自然的伤害终究会伤及人类自身。人类历史经历了渔猎文化、农耕文明和工业文明的漫长发展阶段，作为对人类文明发展生态上得失的反思和成果，生态文明彰显了人类社会发展的可持续性理念和需求。立足世界文明发展的历史可以看到，生态环境质量直接影响文明发展水平乃至文明的兴衰更替。盛极一时的玛雅文明之所以衰落，有西班牙入侵打击的客观因素，更有自身人口发展过剩、农业科技水平落后而出现的资源匮乏、环境破坏的主观因素。习近平同志多次在讲话中引用恩格斯《自然辩证法》中对于机械发展模式反思的思想，认为人类如果善待自然，则会受到自然的馈赠，否则自然也会对人类进行报复。“恩格斯在《自然辩证法》中写到：美索不达米亚、希腊、小亚细亚以及其他各地的居民，为了得到耕地，毁灭了森林，但是他们做梦也想不到，这些地方今天竟因此而成为不毛之地，因为他们使这些地方失去了森林，也就失去了水分的积聚中心和贮藏库。阿尔卑斯山的意大利人，当他们在山南坡把那些在山北坡得到精心保护的枞树林砍光用尽时，没有预料到，这样一来，他们把本地区的高山畜牧业的根基毁掉了；他们更没有预料到，他们这样做，竟使山泉在一年中的大部分时间内枯竭了，同时在雨季又使更加凶猛的洪水倾泻到平原上。”[②] 中国共产党深刻认识

---

① 中共中央文献研究室．习近平关于社会主义生态文明建设论述摘编［M］．北京：中央文献出版社，2017：73.

② 习近平．推动我国生态文明建设迈上新台阶［J］．求是，2019（3）.

到这一历史经验，即保持良好的生态环境是人类社会生存最为基本的条件，更是实现人类社会进步与可持续发展的基石。基于这一判断，中国在开展经济社会建设的同时，不断加大对于生态环境保护的力度。通过加大环境治理力度并提升环境发展指数，中国不断推动着整个社会的可持续发展进程。

第三，面向未来，旨在实现中华民族永续发展。建设生态文明不仅对于当代人的生存权益和发展利益至关重要，更关乎后世与中华民族的永续发展。在十八届中央政治局第六次集体学习时，习近平强调，党的十八大将生态文明纳入中国特色社会主义“五位一体”总体布局，明确提出大力推进生态文明建设，努力建设美丽中国，实现中华民族永续发展，表明了中国加强生态文明建设的坚定意志与坚强决心。加强生态环境保护、建设美丽中国是一项长远任务。习近平同志多次明确指出：“在生态环境保护上一定要算大账、算长远账、算整体账、算综合账，不能因小失大、顾此失彼、寅吃卯粮、急功近利。”[①] 这一系列科学认识标志着中国共产党对于中国特色社会主义规律认识的进一步深化，展现了中国共产党人治国理政、追求可持续发展的未来意识。习近平生态文明思想立足实现“两个一百年”的奋斗目标，同时致力于实现中华民族的伟大复兴，体现了中国共产党人尊重历史、立足当下、展望未来的科学的生态历史观。

总之，“生态兴则文明兴，生态衰则文明衰”的科学的生态历史观，集中体现了习近平生态文明思想的历史视野。

第 2 节　习近平生态文明思想的经济维度

人类社会发展进程中所出现的人与自然之间的诸多矛盾，说到底仍

---

① 中共中央文献研究室．习近平关于社会主义生态文明建设论述摘编［M］．北京：中央文献出版社，2017：8.

然取决于人与社会之间的矛盾是否能够有效协调。因此，社会生产兼具了实现物质发展、社会和谐以及生态平衡的多重功能。2016 年 5 月，习近平同志就提出："从政治经济学的角度看，供给侧结构性改革的根本，是使我国供给能力更好满足广大人民日益增长、不断升级和个性化的物质文化和生态环境需要，从而实现社会主义生产目的。"[①] 立足于这一基本逻辑，结合中国推进现代化进程中的具体国情，习近平生态文明思想的经济维度，主要体现在以下几个方面：

第一，社会主义生产的生态目的。追求剩余价值是资本主义生产的目的，满足人民群众的需要是社会主义生产的目的。为了实现剩余价值的最大化，资本主义不惜破坏生态环境，造成了生态危机，威胁到了工人阶级和劳动人民的生存权益。为了资本主义的长治久安，绿色转型出现了，进而导致了"绿色资本主义"。但是，囿于资本主义的制度框架，"绿色资本主义"仍然见物不见人。随着中国特色社会主义进入新时代，人民群众的需要也发生了一系列重要变化。因此，社会主义生产必须将满足人民群众的需要作为其内在目的。党的十九大报告提出，"既要创造更多物质财富和精神财富以满足人民日益增长的美好生活需要，也要提供更多优质生态产品以满足人民日益增长的优美生态环境需要"[②]。除了促进社会财富的增长，社会主义生产还要让老百姓呼吸上新鲜的空气、喝上干净的水、吃上放心的食物、生活在宜居的环境中、切实感受到经济发展带来的实实在在的环境效益，从而使中华大地天更蓝、山更绿、水更清、环境更优美，走向社会主义生态文明新时代。因此，满足人民群众对优美生态环境的需要，也成为社会主义生产的重要目的之一。

第二，坚持绿水青山就是金山银山。习近平生态文明思想倡导"两山论"的科学理念与实践。2005 年在浙江任职期间，习近平同志就已提

---

① 习近平．在省部级主要领导干部学习贯彻党的十八届五中全会精神专题研讨班上的讲话［N］．人民日报，2016-05-10（2）．

② 习近平．决胜全面建成小康社会 夺取新时代中国特色社会主义伟大胜利：在中国共产党第十九次全国代表大会上的报告［N］．人民日报，2017-10-28（5）．

出“绿水青山就是金山银山”的科学论断，并在《浙江日报》的“之江新语”栏目刊文指出，如果将地方的生态环境优势转换为生态农业、生态工业以及生态旅游等生态经济优势，那么绿色青山就会化为金山银山。绿水青山和金山银山是辩证统一的关系，因此，必须大力发展生态产业。实际上，这一思想承认了自然价值和自然资本，将自然资源视为自然财富与生态财富，强调大力发展自然生产力和生态生产力。在经济社会发展进程中，他强调：“我们既要绿水青山，也要金山银山。宁要绿水青山，不要金山银山，而且绿水青山就是金山银山。我们绝不能以牺牲生态环境为代价换取经济的一时发展。”[①] 这意味着，虽然经济发展（金山银山）与生态保护（绿水青山）之间存在着一定的矛盾，二者却也能够统一起来。如果能够树立生态理性、实现绿色发展，那么，生态保护与经济发展之间是能够实现良性互动的。自 2012 年党的十八大以来，习近平同志多次在国内和国际场合以“两山论”来阐明中国生态文明的理念和路径，并将之视为可持续发展的内在要求和中国推进现代化建设的重大原则。“两山论”描绘了中国生态文明建设的实践之路，也成为习近平生态文明思想的重要组成部分。

第三，坚持走绿色发展的道路。纵观全球，工业革命以来的生态危机多是源自非理性和不科学的经济增长方式。因此，必须改变对于传统资源能源消耗型产业的过度依赖，摒弃粗放型产业的规模化扩张，走绿色发展的道路。习近平生态文明思想要求正确处理经济社会发展与生态环境保护之间的关系。优质的生态环境为经济社会的可持续发展提供了不竭动力，“保护生态环境就是保护生产力，改善生态环境就是发展生产力。让绿水青山充分发挥经济社会效益，不是要把它破坏了，而是要把它保护得更好”[②]。在新时代，我国的经济发展必须坚持新理念，走低碳经济、绿色经济和循环经济的道路。与此同时，习近平生态文明思想还强调实现绿色发展的必要性和紧迫性。生态文明建设能否成功，从根

---

① 中共中央文献研究室．习近平关于社会主义生态文明建设论述摘编［M］．北京：中央文献出版社，2017：21.

② 同①23.

本上取决于传统粗放型经济结构能否转向现代集约型经济结构，高能耗高污染发展方式能否转向低能耗低污染发展方式。“坚决摒弃损害甚至破坏生态环境的发展模式和做法，决不能再以牺牲生态环境为代价换取一时一地的经济增长。要坚定推进绿色发展，推动自然资本大量增值，让良好生态环境成为人民生活的增长点、成为展现我国良好形象的发力点”[①]，这样，才能真正促进经济发展、社会进步与环境保护相协调，建设美丽中国。

第四，大力构建和完善生态经济体系。这就是要建立和健全以产业生态化和生态产业化为主导的生态经济体系。产业生态化就是按照产业生态学的科学原理，促进产业的可持续发展。生态产业化就是将自然生态环境方面的优势转化为经济优势，实现生态的经济价值和效益。生态经济体系的建构，体现了“怎样建设生态文明”的经济路径。随着我国的经济发展和社会进步，节约资源、保护环境已经由原来的外在压力转化为促进经济社会发展的内在动力。以产业生态化和生态产业化为主导的生态经济体系，既是贯彻新发展理念、实现区域平衡发展、优化产业结构的主旨所在，也是建成高质量现代经济体系的重要组成部分。生态产业化和产业生态化互利共生，有利于产生经济、社会和生态综合价值，从而为生态环境保护提供有力的物质保障。

总之，习近平生态文明思想要求将生态文明的原则、理念和目标融入经济建设，大力发展生态经济。

第3节　习近平生态文明思想的政治维度

生态环境问题既是重大的经济问题，也是重大的社会政治问题。习近平生态文明思想善于从政治高度看待生态文明建设问题。习近平同志

① 中共中央文献研究室．习近平关于社会主义生态文明建设论述摘编［M］．北京：中央文献出版社，2017：32-33.

指出："生态环境是关系党的使命宗旨的重大政治问题，也是关系民生的重大社会问题。"[①] 因此，习近平生态文明思想形成了自己的政治维度和政治逻辑。事实上，党的十八大以来，一系列有关生态文明建设的顶层设计，包括生态文明的体制设计、政府的绿色转型以及环境法治建设等，都展现了习近平生态文明思想的政治视野，为生态文明建设实践提供了政治保障。

第一，明确生态文明建设的政治地位。生态文明建设是关系中华民族永续发展的根本大计，也是关系亿万中国人民幸福安康的民生问题。中国共产党一贯高度重视社会主义生态文明建设，将建设社会主义生态文明视为自己重要的历史使命之一。2012 年，党的十八大报告将生态文明建设纳入中国特色社会主义总体布局；2017 年，党的十九大报告提出了建设富强民主文明和谐美丽的社会主义现代化强国目标，将生态文明提升为千年大计。在此基础上，中国共产党人进一步完善了党在社会主义初级阶段的基本路线。"中国共产党在社会主义初级阶段的基本路线是：领导和团结全国各族人民，以经济建设为中心，坚持四项基本原则，坚持改革开放，自力更生，艰苦创业，为把我国建设成为富强民主文明和谐美丽的社会主义现代化强国而奋斗。"[②] 在此基础上，进一步明确了生态文明的宪法地位。根据党中央对于我国宪法修改的建议，第十三届全国人大一次会议通过了对于宪法的修正案，将新发展理念、生态文明以及美丽中国等内容载入宪法，"推动物质文明、政治文明、精神文明、社会文明、生态文明协调发展，把我国建设成为富强民主文明和谐美丽的社会主义现代化强国，实现中华民族伟大复兴"[③]。这样就从宪法上进一步提升了生态文明的战略地位，将生态文明建设纳入依法治国方略。2018 年 5 月 18 日，习近平同志在全国生态环境保护大会上强调指出，生态环境是关系党的使命宗旨的重大政治问题。因此，一方面，我们要充分发挥党的领导和我国社会主义制度能够集中力量办大事的政

---

① 习近平．推动我国生态文明建设迈上新台阶［J］．求是，2019（3）．

② 中国共产党章程［N］．人民日报，2017-10-29（4）．

③ 中华人民共和国宪法［N］．人民日报，2018-03-22（1）．

治优势；另一方面，我们要充分利用改革开放 40 年来积累的坚实物质基础，加大力度推进生态文明建设、解决生态环境问题，从而推动我国生态文明建设迈上新台阶。这一系列的制度创新规定更加明确地彰显了生态文明建设的政治地位。

第二，加强生态文明建设的顶层设计。当前，我国生态文明建设正处于压力叠加、负重前行的关键期，已进入提供更多优质生态产品以满足人民日益增长的优美生态环境需要的攻坚期，也到了有条件、有能力解决生态环境突出问题的窗口期。因此，社会主义生态文明建设需要加强顶层设计，依靠科学的制度设计实现生态文明的全领域和全过程管理。党的十八大以来，以习近平同志为核心的党中央高度重视生态文明建设，大力推动生态文明建设顶层设计。我们在中央全面深化改革领导小组下设经济体制和生态文明体制专项小组，负责推进生态文明体制改革，加强相关工作的统筹。在这个过程中，我们相继出台了《中共中央国务院关于加快推进生态文明建设的意见》（2015 年 4 月）、《生态文明体制改革总体方案》（2015 年 9 月）、《中共中央 国务院关于全面加强生态环境保护 坚决打好污染防治攻坚战的意见》（2018 年 6 月）以及《全国人民代表大会常务委员会关于全面加强生态环境保护依法推动打好污染防治攻坚战的决议》（2018 年 7 月）等顶层设计方案，明确了生态文明建设的战略任务。在此基础上，我们制定并实施了 40 余项有关生态文明建设的改革方案，明确了生态文明体制改革的战略目标和任务，如《关于健全生态保护补偿机制的意见》、《关于省以下环保机构监测监察执法垂直管理制度改革试点工作的指导意见》、《关于构建绿色金融体系的指导意见》、《生态文明建设目标评价考核办法》、《关于划定并严守生态保护红线的若干意见》、《自然资源统一确权登记办法（试行）》、《关于健全国家自然资源资产管理体制试点方案》、《关于设立统一规范的国家生态文明试验区的意见》和《生态环境损害赔偿制度改革方案》等。

第三，加强生态文明领域的制度创新。我国高度重视生态文明管理和规则的制度化，已经建立起了生态文明制度体系的“四梁八柱”。党的十八大以来，习近平同志强调，必须积极打造生态文明制度建设的

“四梁八柱”，从制度等顶层设计上为生态文明建设提供科学指导。2015年，习近平同志主持审定了《生态文明体制改革总体方案》，明确提出要以自然资源资产产权制度、国土空间开发保护制度、空间规划体系、资源总量管理和全面节约制度、资源有偿使用和生态补偿制度、环境治理体系、环境治理和生态保护市场体系、生态文明绩效评价考核和责任追究制度等制度为重点，建立起产权清晰、多元参与、激励约束并重、系统完整的生态文明制度体系。同时，全面推进大气、土壤、水污染防治行动计划，大力解决人民群众切实关心的环境问题。

第四，推动生态文明领域的体制改革。党的十八大以来，我国从不同层面大力开展生态文明领域的体制改革，促进生态、资源和环境治理的科学化、有序化。在中央层面，2018年中共中央印发的《深化党和国家机构改革方案》指出，组建生态环境部、自然资源部以及国家林业和草原局，整合原有资源和生态环境管理部门的职责，促进生态治理更加有序。在行政系统内部，2016年9月，中共中央办公厅、国务院办公厅下发《关于省以下环保机构监测监察执法垂直管理制度改革试点工作的指导意见》，规划环境部门体制改革，推行省级以下的环境部门实现垂直管理。此外，为了加强区域流域生态环境监管，大力推动跨地区环境保护机构的试点建设，同时推行按流域和海域组建环境监管执法机构。2017年，中央全面深化改革领导小组通过了《跨地区环保机构改革试点方案》，拟在京津冀和周边地区试点组建跨地区环保机构，逐步打造区域环境治理的新格局。这一系列环境治理体制改革的举措，有利于深入推进生态文明建设，具有重要的现实意义。

第五，加强生态文明领域的法治建设。社会主义生态文明建设需要加强法治保障，依靠最严密的法治保障生态文明建设成果。习近平同志指出：“保护生态环境必须依靠制度、依靠法治。只有实行最严格的制度、最严密的法治，才能为生态文明建设提供可靠保障。”[①] 从1979年

---

① 中共中央文献研究室．习近平关于社会主义生态文明建设论述摘编［M］．北京：中央文献出版社，2017：99．

至 2017 年，我国已制定和修订 34 部环保单项法律（宪法、刑法除外），50 部行政法规，253 件国务院发布的规范性文件，106 件国家环境保护部门规章，26 件国务院部门有关规章，88 件执法解释，114 件政策法规解读等。其中，党的十八大以来，共制定和修订包括环保法在内的法律 8 部，行政法规 9 部，国务院规范性文件 53 件，环保部门规章 28 件，有关部门规章 4 件，执法解释 13 件，政策法规解读 71 件。2014 年，经过全新修订的《中华人民共和国环境保护法》当中呈现了诸多亮点，例如，一是对污染企业的罚款上不封顶、设计按日计罚制度等，从而改变了以往环境违法成本低、守法成本高的窘境。二是扩大了环境公益诉讼主体，即依法在设区的市级以上民政部门进行登记的、专门从事环保公益活动连续五年以上并且信誉良好的社会组织都可以向人民法院提起诉讼。这样，有利于增强公众参与保护环境的意识，及时发现并抵制环境违法行为。三是进一步明确政府对于环境保护的监督管理职责，有利于加强政府环境治理能力建设，促进政府实现绿色转型。此外，2014 年刑法还增加了环境污染入刑，最高人民法院、最高人民检察院分别就有关环保法律出台了司法解释，以法律手段保障了生态文明建设成果。2016 年 12 月，为了保护和改善环境，减少污染物排放，推进生态文明建设，制定并通过了《中华人民共和国环境保护税法》，从而进一步推进了生态文明法治进程。

总之，中国共产党以高度的政治担当，在推进全面建成小康社会的进程中，不断加强生态文明建设的政治力度，致力于开创建设美丽中国的新局面。这样，就形成了中国特色社会主义生态政治，构成了习近平生态文明思想的政治维度。

第 4 节　习近平生态文明思想的文化维度

文化是影响人类行为的内在要素。生态文化发展的程度和水平，直接制约着生态文明的成果和成效。习近平同志十分重视生态文化建设，指出："生态文化的核心应该是一种行为准则、一种价值理念。"[①] 习近平生态文明思想的文化维度主要体现在其对于生态文化的树立、宣传和倡导上。特别是在这一过程中，他要求从"综合创新"的高度推进生态文化的建设。

第一，坚持以红色文化为魂。在创立唯物史观和剩余价值理论的过程中，马克思主义科学地解决了人与自然的关系问题，要求人类必须自觉遵循自然规律，保持人与自然的"一体性"。因此，在2018年5月4日纪念马克思诞辰200周年大会上，习近平同志指出，"学习马克思，就要学习和实践马克思主义关于人与自然关系的思想"[②]。自然界为人类社会的生产和生活提供一切原始富源，是人类生命力、创造力和劳动力的源泉，人类与自然需要和谐共生。自然界与人类的关系不应是对立的，而是在相互交往中同为一体、彼此和谐共生。"因此我们每走一步都要记住：我们决不像征服者统治异族人那样支配自然界，决不像站在自然界之外的人似的去支配自然界——相反，我们连同我们的肉、血和头脑都是属于自然界和存在于自然界之中的；我们对自然界的整个支配作用，就在于我们比其他一切生物强，能够认识和正确运用自然规律。"[③] 尤其在工业化和现代化不断深入的今天，必须坚持马克思主义自然观，从人与自然关系的根本逻辑上厘清思路，才能在现代化建设的实践中避免陷入西方"先污染后治理"的老路，进而为中国特色社会主义建设提供科学的理念支撑与制度保障。因此，我们必须坚持马克思主义自然观的指导，不断完善社会主义生态文明观。显然，习近平生态文明思想显示了中国共产党人对于正确认识人与自然关系的科学态度。

第二，坚持以中国文化为体。几千年来，中国人深耕农业，在发展农业的辉煌历史中积累了大量的朴素生态智慧。例如，儒家哲学思想中的"天人合一"的自然观、"中和位育"的方法论以及"民胞物与"的

---

① 习近平．之江新语［M］．浙江：浙江人民出版社，2007：48.

② 习近平．在纪念马克思诞辰200周年大会上的讲话［N］．人民日报，2018-05-06（2）.

③ 马克思，恩格斯．马克思恩格斯选集：第3卷［M］．3版．北京：人民出版社，2012：998.

道德观，等等，都彰显了指导人与自然关系的基本文化态度。数千年前，古代中国即有专门进行资源和环境管理的机构和官员，称为虞和衡。《荀子·王制》也曾经这样论述圣贤之道："圣王之制也：草木荣华滋硕之时，则斧斤不入山林，不夭其生，不绝其长也。鼋鼍鱼鳖鳅鳝孕别之时，罔罟毒药不入泽，不夭其生，不绝其长也……斩伐养长不失其时，故山林不童，而百姓有余材也。"① 由此可见，传统生态智慧在中国古代社会以政治治理、社会治理和生态治理的形式呈现，并科学地指导了中国传统社会的可持续发展。传统生态哲学思想为今天的生态文明建设贡献了丰富的思想养分。2014 年 6 月，在出席中央财经领导小组第六次会议时，习近平同志谈道："唐代诗人白居易说过：'天育物有时，地生财有限，而人之欲无极。以有时有限奉无极之欲，而法制不生其间，则必物暴殄而财乏用矣。'要在全社会牢固树立勤俭节约的消费观，树立节能就是增加资源、减少污染、造福人类的理念，努力形成勤俭节约的良好风尚。"② 因此，我们必须注重挖掘传统文化精髓，不断提升生态文明的文化支撑。显然，中国传统生态哲学思想也成为习近平生态文明思想的重要文化"基因"。

第三，坚持以西方文化为用。在建设生态文化的过程中，我们也必须睁眼看世界，在吸取资本主义"先污染后治理"教训的基础上，虚心学习西方生态文化，为我所用。科学及其成功运用，为西方带来了制服自然、征服自然的信心，并建立起相对完善的工业文明体系，然而也造成了普遍性的生态危机。这促使西方开始了对于人与自然关系的反思，并形成了一系列思想和理论。这些思想和理论从人与自然关系的本质出发，从环境伦理学、生态政治学、环境社会学诸多角度，展开了对于资本主义生态危机的分析和批判，形成了一系列丰富的生态文化思想。中国在推进生态文明建设的进程中，一方面，要充分汲取西方的生态文化与反思，避免重走"先污染后治理"的老路；另一方面，要形成中国特

---

① 楼宇烈. 荀子新注［M］. 北京：中华书局，2018：158.

② 中共中央文献研究室. 习近平关于社会主义生态文明建设论述摘编［M］. 北京：中央文献出版社，2017：118.

色的生态文明思想，坚持生态、理性、可持续发展之路。

第四，坚持以生态新人为的。人的综合素质是影响生态文明建设的关键变量，促进人的全面发展是建设社会主义生态文明的崇高目标，因此，培养社会主义"生态新人"具有十分重要的战略意义。社会主义"生态新人"就是具有高度社会主义生态文明意识、积极投身社会主义生态文明建设的社会主义新人。党的十八大报告要求加强对于生态文明的宣传教育，增强公众的环保意识、节约意识与生态意识，形成合理消费的社会风尚，同时，积极营造爱护生态环境的良好风气。习近平同志指出："植树造林，种下的既是绿色树苗，也是祖国的美好未来。要组织全社会特别是广大青少年通过参加植树活动，亲近自然、了解自然、保护自然，培养热爱自然、珍爱生命的生态意识，学习体验绿色发展理念，造林绿化是功在当代、利在千秋的事业，要一年接着一年干，一代接着一代干，撸起袖子加油干。"① 党的十九大报告进一步提出牢固树立社会主义生态文明观，为保护生态环境做出当代人的努力。因此，我们必须大力培养具有生态理性的社会主义公民，推动社会主义生态文明观在全社会牢固树立，大力促进人的全面发展。这是建设社会主义生态文化的最终目标。

总之，以促进人的全面发展为出发点和落脚点，我们必须按照"综合创新"的方式建设社会主义先进生态文化，在全社会牢固树立社会主义生态文明观，提升全社会的生态文明素质。这样，我们就形成了中国特色社会主义生态文化。这构成了习近平生态文明思想的文化维度。

第5节　习近平生态文明思想的社会维度

随着我国社会主要矛盾的变化，人民群众的需要不断升级换代，

---

① 中共中央文献研究室．习近平关于社会主义生态文明建设论述摘编［M］．北京：中央文献出版社，2017：120-121.

“求环保”已经成为人民群众的迫切需要。现在，生态环境既是关系党的使命宗旨的重大政治问题，也是关系民生的重大社会问题。因此，习近平生态文明思想强调，必须将生态文明的原则、理念和目标融入社会建设的各个方面和各个过程，将以人民为中心的思想运用在生态文明建设上。

第一，建设生态文明需要不断满足人民群众生态环境需要，维护人民群众生态环境权益。党的十九大报告提出，在满足人民群众的美好生活需要的过程中，必须大力满足人民群众日益增长的优美生态环境需要。所谓优美生态环境需要，一方面意味着天蓝、水清、山绿、宜居等环境要素；另一方面意味着这是人的需要的新内涵和新要素，在物质和文化等需要中融入了生态环境需要。同时，还必须大力保障人民群众的生态环境权益。人民群众满足自身生态环境需要的权利和能力，即生态环境权益。诚如习近平同志在纪念改革开放40周年大会上的讲话中所强调的那样，要“着力解决人民群众所需所急所盼，让人民共享经济、政治、文化、社会、生态等各方面发展成果，有更多、更直接、更实在的获得感、幸福感、安全感”①。新时代，满足人民群众生态环境需要、维护人民群众生态环境权益，必须通过提供更多优质生态产品来实现，把我们伟大祖国建设得更加美丽，让人民生活在天更蓝、山更绿、水更清的优美环境之中。这意味着必须进一步推进现代化建设、实现更加均衡和更加充分的发展，也意味着中国要推进的现代化只能是也必须是人与自然和谐共生的现代化。

第二，建设生态文明需要全民共建。社会主义生态文明是广大人民群众共同参与、共同建设、共同享有的事业。人民群众既是历史的创造者，更是推动社会不断进步的强大动力。这既是马克思主义群众观的基本体现，也是推进中国特色社会主义生态文明建设所必须坚持的根本政治立场。习近平生态文明思想从总体上要求构建以政府为主导、企业为主体，社会组织与公众共同参与的综合性环境治理体系。社会主义生态

---

① 习近平. 在庆祝改革开放40周年大会上的讲话［N］. 人民日报，2018-12-19（2）.

文明建设需要政府立足于公共事业的整体规划、主导顶层设计，同时，更需要公众群策群力、积极参与。习近平同志指出："现在，生态文明建设已经深入人心。义务植树是全民参与生态文明建设的一项重要活动。不仅要把全民义务植树抓好，生态文明建设各项工作都要抓好，动员全社会参与。"① 就公众参与生态文明共建来讲，一方面，作为经济运行的重要一环，公众可以通过改变自身的生活方式、消费方式、思维方式和价值观念，推动经济运行的起始端，实现绿色转型，为绿色经济营造社会空间。在满足生存需求与基本社会需求的基础之上，杜绝奢靡需求对于生态环境的破坏。这样，就需要在全社会倡导简约适度和绿色低碳的生活方式，从而引导公众减少和杜绝奢侈浪费的现象。通过广大公众的绿色选择，通过生态理性的广泛树立，促进经济社会实现绿色转型的目标。另一方面，公众是生态治理体系的重要参与者，可以有效发挥监督作用，辅助构建和完善生态文明法治监管和制度监督的体系框架。通过公众的有效参与和监督，打造科学、合理的环境治理体系，能够有效推动环境治理能力的现代化。

第三，建设生态文明的成效必须全民共享。作为马克思主义执政党，中国共产党的宗旨就是全心全意为人民服务，这就决定了生态文明的本质要义和核心要求只能是也必须是：生态文明建设为了人民、生态文明建设依靠人民、生态文明建设的成果由人民共享。习近平同志在2018年5月18日召开的全国生态环境保护大会上强调指出，良好的生态环境是最普惠的民生福祉，必须坚持生态惠民、生态利民与生态为民，要重点解决损害群众健康的突出问题，从而不断满足人民日益增长的优美生态环境需要。生态环境直接关系到公众的基本民生问题，所谓蓝天、白云、碧水既是环境治理的基本目标，更是百姓福祉所在。当前，我国已经进入提供更多优质产品以满足人民日益增长的优美生态环境需要的攻坚期，也步入具备条件和能力解决突出生态环境问题的窗口

---

① 中共中央文献研究室．习近平关于社会主义生态文明建设论述摘编［M］．北京：中央文献出版社，2017：120.

期。2018 年 6 月 16 日，《中共中央 国务院关于全面加强生态环境保护坚决打好污染防治攻坚战的意见》强调，要加大力度、加快治理和加紧攻坚，为人民创造良好的生产和生活环境；到 2020 年，生态环境质量总体改善，生态环境保护水平与全面建成小康社会目标相适应。2018 年 7 月 10 日，十三届全国人大常委会第四次会议通过了《全国人民代表大会常务委员会关于全面加强生态环境保护 依法推动打好污染防治攻坚战的决议》，要求用法治的力量保护生态环境、打好污染防治攻坚战。2018 年，中国 338 个地级以上城市的 PM2.5 平均浓度较 2017 年下降了 9.3%，全国地表水好于三类的比率较 2017 年增加了 3.1%。这些污染防治行动计划有力地解决了人民群众感受最直接、要求最迫切的突出环境问题，使人民群众共享了治理环境、改善生态的成果。因此，满足人民日益增长的优美生态环境需要、建设美丽中国，既是社会主义社会建设的题中之义，更是习近平生态文明思想的出发点和落脚点。

总之，生态文明建设集中体现了中国共产党对于人民群众所需、所急、所盼的重视与回应，已经成为我国推进民生建设的优先领域。这构成了习近平生态文明思想的社会维度。

第 6 节　习近平生态文明思想的全球维度

尽管其形成原因具有社会制度和意识形态方面的原因，但是，从其表现来看，像气候变化和臭氧层破坏等生态危机属于全球性问题，因此，亟须在国际合作的范围内加以解决。因此，在建设“富强美丽的中国”的同时，中国也积极致力于建设“清洁美丽的世界”。基于人类命运共同体的基本站位，在深刻剖析全球性生态危机根源的基础之上，习近平生态文明思想提出了开展全球生态治理的新思路。

第一，树立人类命运共同体理念，共同应对全球生态危机。全球化以及科技、网络的不断发展，已然使庞大的地球缩小为一个“地球村”，这是构建人类命运共同体的客观依据。2013 年，习近平主席在博鳌亚洲论坛上发言时谈及，我们生活在同一个地球村，应该牢固树立命运共同体意识。2015 年 9 月出席第七十届联合国大会一般性辩论时，习近平主席再次强调要打造人类命运共同体。2016 年，在出席二十国集团领导人杭州峰会时，习近平谈到，只有坚持共商共建共享，才能保护好地球，建设人类命运共同体。2017 年 1 月，在联合国日内瓦总部演讲时，习近平主席强调，“世界命运应该由各国共同掌握，国际规则应该由各国共同书写，全球事务应该由各国共同治理，发展成果应该由各国共同分享”①。生态危机作为全球性危机，是一个时代性问题，更是一个发展性问题，因此，需要世界各国携手共同应对和解决。诚如党的十九大报告中所强调的，“构建人类命运共同体，建设持久和平、普遍安全、共同繁荣、开放包容、清洁美丽的世界”②。中国在参与全球生态治理中秉承人类命运共同体理念，以及合作共赢、共同发展的立场和观点，旨在实现国际环境正义，建设共享、包容、开放、可持续的全球生态体系。

第二，秉承正确的义利观参与全球生态治理，气候治理需坚持“共同但有区别的责任”原则。在全球应对气候变化的进程中，“共同但有区别的责任”原则发端于 1972 年的斯德哥尔摩人类环境会议，其强调保护环境是全人类的“共同责任”。这一原则正式确立于 1992 年联合国里约环境与发展大会，目前已成为国际谈判中的一项规范用语和基本原则。在全球生态危机当中，目前最为艰难应对的当属气候治理，即如何减缓和适应气候变化的问题。中国一直主张应坚持共同但有区别的责任原则、公平原则和各自能力原则。一方面，发达国家基于先发优势，应该承担相应责任和义务；另一方面，中国也强调发展中国家并非不为应对气候变化做出自身贡献，而要基于自身的能力和要求。因此，在应对气候变化的国际争端中，尤其是基于发展权和排放权的争论当中，中国一贯主张秉承正确的义利观，呼吁处于不同发展水平的国家应该承担不

---

① 习近平. 共同构建人类命运共同体：在联合国日内瓦总部的演讲 [N]. 人民日报，2017-01-20 (2).

② 习近平. 决胜全面建成小康社会 夺取新时代中国特色社会主义伟大胜利：在中国共产党第十九次全国代表大会上的报告 [N]. 人民日报，2017-10-28 (5).

同的责任和义务，倡导世界各国共同努力，共同构建清洁美丽的世界。

第三，积极发挥大国责任，彰显负责任大国形象。从世界历史发展的脉络考察中不难发现，生态灾难与贫困往往相互交织，更容易发生在不发达国家和地区。这些国家和地区往往经济发展水平较差、基础设施薄弱、更易受气候变化等生态灾难的不利影响，并且应对能力较差。中国在开展全球生态治理特别是气候变化治理的过程中，十分注重通过提供援助以及加强南南合作等方式，推动不发达国家不断提高自身治理的能力，进而推动全球生态治理。作为一个发展中国家，在自身探索绿色、低碳、循环经济发展道路的同时，中国积极履行国际公约，不断履行大国责任。2015 年 9 月，在出席联合国发展峰会时，习近平主席谈到，中国将设立“南南合作援助基金”，首期即提供 20 亿美元，用于支持发展中国家落实 2015 年以后的发展议程；与此同时，中国将继续增加对最不发达国家投资，力争到 2030 年达到 120 亿美元；此外，中国将免除对有关最不发达国家、内陆发展中国家、小岛屿发展中国家截至 2015 年底到期未还的政府间无息贷款债务；中国还将设立国际发展知识中心，同各国一道研究和交流适合各自国情的发展理论和发展实践；中国也倡议探讨构建全球能源互联网，推动国际社会以清洁和绿色方式满足全球电力需求。2015 年 10 月，在出席联合国减贫与发展高层论坛时，习近平主席承诺中国将设立“南南合作援助基金”，未来五年向发展中国家提供“六个一百”的项目支持，具体包括一百个减贫项目、一百个农业合作项目、一百个促贸援助项目、一百个生态保护和应对气候变化项目、一百所医院和诊所、一百所学校和职业培训中心等。同年，在出席巴黎气候大会开幕式致辞中，习近平主席再次表明中国在全球生态治理领域的义举，强调中国在 2015 年 9 月宣布设立 200 亿元人民币的中国气候变化南南合作基金，2016 年启动在发展中国家开展 10 个低碳示范区、100 个减缓和适应气候变化项目及 1 000 个应对气候变化培训名额的合作项目，继续推进在清洁能源、生态保护、防灾减灾、气候适应型农业以及低碳智慧型城市建设等领域的国际合作，并帮助这些国家和地区提高融资能力。这一系列举动，都彰显了中国的负责任大国形象。

2018年12月18日，在发表纪念改革开放40周年大会上，习近平主席再次发出中国声音，强调中国要“发挥负责任大国作用，支持广大发展中国家发展，积极参与全球治理体系改革和建设，共同为建设持久和平、普遍安全、共同繁荣、开放包容、清洁美丽的世界而奋斗”①。这充分彰显了作为一个负责任的社会主义大国的中国的国际担当。

总之，建设“富强美丽的中国”和建设“清洁美丽的世界”交相辉映，体现出习近平生态文明思想的开放视野和国际胸怀。习近平生态文明思想为推进全球生态文明建设和全球生态环境治理提供了中国方案，贡献了中国智慧。

综上，习近平生态文明思想是习近平新时代中国特色社会主义思想的重要组成部分，具有丰富的理论内涵和科学意蕴，为推进美丽中国建设、实现人与自然和谐共生的社会主义现代化提供了科学指引和根本遵循，是社会主义生态文明建设必须坚持的指导思想。

① 习近平. 在庆祝改革开放40周年大会上的讲话［N］. 人民日报，2018-12-19（2）.

China's Ecological Civilization in the New Era

第3章

坚持绿色发展之路

3 坚持绿色发展之路

党的十八大以来，中国始终坚持绿色发展，不断加快推进生态文明建设。绿色发展既是发展观的变革，也是生态观的变革。这要求在经济社会运行过程中，既要坚持绿色、低碳、循环发展道路，促进生产方式绿色化，也要变革人的观念，坚持人与自然和谐共生理念，推动生活方式绿色化。

第1节　坚持人与自然和谐共生的基本方略

人与自然的辩证关系，是人类社会发展所面临的核心主题之一。因此，人与自然和谐共生，体现了一个国家的发展水平和文明程度，是生态文明建设的核心要义。党的十九大报告将“坚持人与自然和谐共生”作为新时代坚持和发展中国特色社会主义的基本方略之一，体现了中国共产党坚持为人民服务的根本宗旨，彰显了致力于实现中华民族永续发展的历史担当。

一、坚持人与自然和谐共生基本方略的根据

人与自然的矛盾归根结底是人与人（社会）之间的矛盾，是发展方式的问题，因此，要在发展当中予以解决。坚持人与自然和谐共生的基本方略，是对这一问题的集中回答。

第一，在理论上，坚持人与自然和谐共生的基本方略与可持续发展战略和绿色发展理念是一脉相承的。基于人口众多、资源相对不足的基本国情，从20世纪90年代开始，中国开始探索并坚持可持续发展战略，并于党的十五大报告中提出实施可持续发展战略。可持续发展战略要求正确处理经济发展与人口、资源和环境之间的关系，因此，成为我国现代化建设中解决人与自然矛盾所坚持的第一项国家战略。随着经济的快速发展，中国于2010年成为世界第二大经济体，同时也积累了一系列发展难题，其中之一即为传统高投入、高耗能和高污染的发展方式

难以为继，资源环境承载力面临瓶颈。随着时代的发展，中国共产党对于社会主义发展和建设规律的认识不断凝练和深化，发展理念也在不断更新。习近平同志多次指出："要实现永续发展，必须抓好生态文明建设。""走老路，去消耗资源，去污染环境，难以为继！"[①] 时代发展呼唤新的发展理念。2015 年，党的十八届五中全会召开，强调"十三五"时期破解发展难题、实现发展目标，需要树立并贯彻五大新发展理念，即创新发展、协调发展、绿色发展、开放发展和共享发展的理念。绿色发展理念作为五大新发展理念当中的重要构成，集中体现了社会主义生态文明建设理论与当前中国经济社会发展实际的结合。绿色发展与创新发展、协调发展、开放发展和共享发展一起成为指导当前和未来发展的科学发展理念与发展方式。

绿色发展的要义就是要解决好人与自然和谐共生的问题。党的十九大科学总结以往经验，将"坚持人与自然和谐共生"作为新时代坚持和发展中国特色社会主义的基本方略之一。这一方略立足人与自然的基本关系，坚持生产发展、生活富裕、生态良好的文明发展道路，将经济社会发展与保护生态环境相统一，旨在建设一个人与自然和谐共生的现代化的美丽中国。由此可见，这一方略立足新时代的基本国情和人民需要，概括并提升了绿色发展的科学意蕴。

第二，在实践上，习近平生态文明思想立足于坚持人与自然和谐共生的基本方略，指引新时代社会主义生态文明建设实践。在构建生态文明体系方面，习近平生态文明思想要求加快建立健全生态文化体系、生态经济体系、目标责任体系、生态文明制度体系以及生态安全体系，确保到 2035 年，我国的生态环境质量实现根本好转，到本世纪中叶，建成美丽中国。在加强生态环境保护方面，习近平生态文明思想立足于新时代中国社会的主要矛盾，指出当前生态文明建设正处于"三期叠加"的历史方位，要求加大力度、加快治理以及加紧攻坚，全面加强生态环

① 中共中央文献研究室．习近平关于社会主义生态文明建设论述摘编［M］．北京：中央文献出版社，2017：3，4．

境保护，坚决打好污染防治攻坚战。这两个方面，都要求立足人与自然和谐共生的基本方略，从而满足人民群众日益增长的美好生活需要。

总之，这一方略体现了中国共产党人在建设社会主义的进程中对于如何处理人与自然关系的科学认识和精准把握，彰显了中国共产党以人民为中心的发展思想，展现了实现中华民族永续发展的历史担当。

二、坚持人与自然和谐共生基本方略的要求

坚持人与自然和谐共生的基本方略，要求在经济社会发展的过程中尊重自然界的客观规律，正确处理人与自然之间的关系，实现绿色发展。具体来讲，要求创新发展理念、优化发展方式、完善发展目的、统筹发展格局，兼顾经济社会发展与生态文明建设，推动整个社会走上生产发展、生活富裕、生态良好的文明发展道路。

第一，坚持人与自然和谐共生的基本方略，要求创新发展理念。即树立绿水青山就是金山银山的理念。绿水青山象征良好的自然资源和生态环境，其具有自然价值，也是自然生产力，能够产生生态效益、经济效益和社会效益。正是从这个意义上说，保护生态环境就是保护生产力，改善环境就是发展生产力。因此，坚持人与自然和谐共生，必须科学认识自然价值，在经济社会发展过程中树立并践行绿水青山就是金山银山的理念。

第二，坚持人与自然和谐共生的基本方略，要求优化发展方式。即推动形成绿色发展方式。传统高能耗和高排放的产业模式和发展方式，是造成生态环境问题的主要原因。因此，要积极推动形成绿色发展方式。一方面，通过技术创新加强资源节约、提升资源能源的利用效率，减少污染物排放；另一方面，通过政策、法治等手段，建立最严格的生态环境保护制度，严格落实低碳发展、循环发展和清洁发展的要求，积极防治污染。总体上，以创新驱动、以先发优势引领发展，加上严密的法治保障，能够推动实现绿色发展。

第三，坚持人与自然和谐共生的基本方略，要求完善发展目的。即满足人民群众的优美生态环境需要，增进最普惠的民生福祉。社会主义

发展的目的就在于促进人的全面发展、让人民群众共享发展成果、增进人民的福祉。当前，随着几十年经济社会的快速发展，中国也面临着资源环境方面的挑战，人民群众对于清新空气、清澈水质、清洁环境等最基本的生态产品具有日益强烈的需求。因此，社会发展的目的当中理应包含满足人民群众优美生态环境的需要。

第四，坚持人与自然和谐共生的基本方略，要求统筹发展格局。即立足中华民族永续发展与共谋全球生态文明建设。生态环境问题是发展性问题，因此，属于全球性问题。新时代，中国推动社会主义生态文明建设既要满足人民需要、实现中华民族永续发展；同时，也关照人类命运共同体，旨在提供一种发展理念、发展方案，引领和推动全球生态环境治理。因此，坚持人与自然和谐共生基本方略需要统筹发展格局，既立足当下又引领未来，既关照自身也放眼国际，为全球生态安全贡献中国方案。

总之，坚持人与自然和谐共生的基本方略，必须创新发展理念、优化发展方式、完善发展目的、统筹发展格局，从而为建设富强民主文明和谐美丽的现代化强国提供不竭动力。

三、坚持人与自然和谐共生基本方略的意义

坚持人与自然和谐共生的方略，作为新时代坚持和发展中国特色社会主义的基本方略之一，对于指导新时代生态文明建设、建设美丽中国具有重要的理论意义与实践意义。

第一，坚持人与自然和谐共生基本方略鲜明体现了习近平新时代中国特色社会主义思想的生态底色。党的十八大以来，以习近平同志为核心的党中央深刻把握时代发展规律和中国社会发展趋势，针对生态文明建设提出了一系列的新理念、新思想和新战略，大力打造生态文明体系，系统形成了习近平生态文明思想。习近平新时代中国特色社会主义思想要求坚持人与自然和谐共生的基本方略，不仅将良好生态环境视为民生福祉的优先领域，而且将其视为中华民族永续发展的内在要求；既立足当下社会需求，又关注民族永续发展。因此，这一方略集中展现了中国共产党为人

民服务的宗旨，彰显了习近平新时代中国特色社会主义思想的生态底色。

第二，坚持人与自然和谐共生基本方略有利于推动形成绿色生产方式与生活方式。当前中国的生态环境问题，主要是传统发展方式、产业结构以及消费模式等方面所引起的发展性问题。因此，坚持人与自然和谐共生方略，有利于从根本上改变生产和生活理念，进而推动社会形成节约资源和保护环境的生产方式和生活方式。其中，前者涉及产业结构、能源结构和空间布局等，后者则涉及公众简约适度和绿色低碳生活方式的形成。绿色生产方式有利于加强和保障绿色产品和绿色服务的有效供给，绿色生活方式则促进生产方式实现绿色转型，这样的良性互动，最终又会推动形成人与自然和谐共生的局面。由此可见，坚持人与自然和谐共生既是绿色发展的理念之基，也是绿色发展的目标所在。

第三，坚持人与自然和谐共生基本方略有利于满足人民群众日益增长的优美生态环境需要。党的十九大报告对新时代社会主要矛盾进行了经典论述，即人民日益增长的美好生活需要和不平衡不充分的发展之间的矛盾。随着经济社会发展水平的提升，人的需要的层次在提升、类型在丰富。优美生态环境需要已经成为人民需求的新内容，而优质生态产品的有效供给不足，因此，二者之间的矛盾成为新时代社会主要矛盾的一个表征。坚持人与自然和谐共生基本方略要求走生产发展、生活富裕、生态良好的文明发展道路，推动形成人与自然和谐发展的现代化建设新格局。通过实行最严格的生态环境保护制度，还自然以宁静、和谐、美丽，为人民创造良好的生活环境。基于此，我们要不断提供优质生态产品和服务以满足人民群众的优美生态环境需要。

总之，坚持人与自然和谐共生基本方略，符合时代需求和人民利益，是中华民族永续发展的必然选择。

第 2 节　推进资源节约和循环利用

自然资源是生产资料和生活资料的基本来源。节约资源是我国的基本国策。2015 年 4 月，中共中央、国务院下发的《关于加快推进生态文明建设的意见》明确提出，要全面促进资源节约循环高效利用、推动利用方式根本转变。通过对生产、流通以及消费诸多经济链条进行科学规划，推动发展循环经济以实现对各类资源的节约和高效利用，对于当前和未来中国的发展具有重要意义。

一、推进资源节约和循环利用的根据

随着工业化、现代化的不断推进，许多国家都面临着资源难题。中国人口多、资源少的基本国情决定了中国必须走节约资源的发展道路。

第一，资源节约和循环利用的基本要求。生产生活领域的节约资源工作，主要集中在土地、水和矿产等资源领域。2013 年 5 月，习近平同志在中共中央政治局第六次集体学习时强调，节约资源是保护生态环境的根本之策。必须大力节约集约利用各类资源，推动资源利用方式实现根本转变，加强对于土地、水和矿产等资源的全过程管理，大幅度降低对于诸多资源的消耗强度。在社会主义建设中，我们"要树立节约集约循环利用的资源观，实行最严格的耕地保护、水资源管理制度，强化能源和水资源、建设用地总量和强度双控管理，更加重视资源利用的系统效率，更加重视在资源开发利用过程中减少对生态环境的损害，更加重视资源的再生循环利用，用最少的资源环境代价取得最大的经济社会效益"[①]。在经济社会发展指标体系当中，必须纳入资源消耗和环境损害等方面的指标，这样，才能全面体现生态文明建设的状况，系统提升生态文明建设水平。

第二，节约土地资源的依据。人多地少、人多耕地少的基本国情，是中国长期处于社会主义初级阶段的现实依据之一，因此，节约土地资源对于中国的经济社会发展具有十分重要的意义。中国土地的基本现状是"一多三少"，即土地总量多，但人均耕地少、高质量的耕地少、可

---

① 中共中央文献研究室. 习近平关于社会主义生态文明建设论述摘编［M］. 北京：中央文献出版社，2017：78.

开发的后备资源少。中国的土地总面积虽然排名世界第 3 位，然而人均水平仅为世界人均的 1/3；耕地总面积排名世界第 2 位，然而人均耕地面积仅为世界第 67 位，且后备耕地资源有限。1986 年 6 月 25 日，中国正式颁布《中华人民共和国土地管理法》。这是中国第一部专门用来调整土地关系的法律。自 1991 年开始，还将每年的 6 月 25 日设立为全国土地日。全国土地日是国务院确立的第一个全国性纪念宣传日，中国因此成为全世界第一个专门设立土地纪念日的国家。

第三，节约水资源的依据。中国水资源总体呈紧缺状态，按照国际标准位列重度缺水国家，人均水资源的拥有量仅达世界平均水平的 1/4。因此，全国的水资源供需矛盾较为突出，部分地区已经接近或超过水资源开发的极限。例如，由于水资源严重超采，北京等一些城市出现了地面下沉等问题，呈现出漏斗的状态。因此，中国近些年不断通过法律、政策和技术等调控手段，抑制不合理的用水需求，建设水资源节约型社会，鼓励保护水环境。

第四，节约矿产资源的依据。矿产资源的勘察和开发是国民经济稳定发展的重要资源保障。作为矿产资源大国，目前中国已发现矿产品种 172 种，探明资源储量为 162 种，主要矿产产量和消费量居于世界前列，其中煤炭、十种有色金属以及黄金等矿产资源产量多年连续位居世界第一。但与此同时，中国的矿产资源也面临着一系列挑战，如重要矿产资源的消费增长快于生产增长，经济社会需求不断增大而矿产资源保障呈现总体不足的趋势；此外，受诸多因素的制约，矿产资源的增储增产难度不断增大。在这样的背景下，依据《中华人民共和国矿产资源法》以及相关实施细则等，2009 年 1 月初，经国务院批复，国土资源部下发了《全国矿产资源规划（2008—2015 年）》，旨在增强矿产资源的持续供应能力并提升矿产资源合理利用和保护水平，为矿产资源的勘察、开发利用与保护提供相应指导。近年来，中国的矿产资源勘察、开发与利用取得了稳步的发展，法律法规体系日趋完善、勘察工作不断加强且资源开发和利用水平不断提升。

第五，资源循环利用的依据。近年来，中国对资源能源的刚性需求不断增加，废弃物的大量产生使得经济增长与资源环境的瓶颈性矛盾日益凸显，中国应对气候变化的压力也不断加大。2013 年，在十八届中央政治局第六次集体学习时，习近平总书记强调："要大力发展循环经济，促进生产、流通、消费过程的减量化、再利用、资源化。"[①] 通过推进节约资源，大力发展循环经济，从源头减少资源能源消耗和废弃物的排放，实现对资源和能源的高效利用，以循环经济带动低碳经济和绿色经济发展，提升生态文明水平。

总之，实现资源节约和循环利用，是生态文明建设的基础工程之一。

二、推进资源节约和循环利用的举措

促进资源节约和循环利用是一项系统工程。在土地资源、水资源和矿产资源等领域，中国积极做出顶层规划并付诸行动，起到了规范和指导作用；在推动资源循环利用、发展循环经济领域，一系列文件和政策的落地，营造了良好的经济和社会氛围。

（一）推进资源节约的举措

在节约资源方面，我们根据每种资源的具体情况，推进了相关工作。

第一，在节约土地资源领域，始终倡导节约集约利用土地的理念。土地资源的节约集约利用是建设生态文明的根本之策，也是推进新型城镇化的战略选择。2014 年，国土资源部连续出台了《节约集约利用土地规定》和《关于推进土地节约集约利用的指导意见》。《关于推进土地节约集约利用的指导意见》提出明确目标，要求严控建设用地规模、优化土地利用的结构和布局、挖潜存量土地并实现综合整治，以及促进土地节约集约利用的制度不断完善。通过编制国土空间规划，划定了生态保护红线、永久基本农田和城镇开发边界三条控制线，力求实现开发利用

① 中共中央文献研究室. 习近平关于社会主义生态文明建设论述摘编 [M]. 北京：中央文献出版社，2017：45.

与节约保护相平衡。

在耕地领域，中国始终坚持和完善严格的耕地保护以及节约用地制度。党的十八大以来，习近平同志多次提出要牢固树立生态红线的观念，并从制度上保障生态红线。他在2013年的中央城镇化工作会议上提出，现阶段中国的城镇用地仍存在不合理现象，即工业用地和建设用地偏多而居住用地和生态用地偏少，因此，必须优化结构并提升效率，不断提升城镇建设用地的集约化程度。2013年12月，习近平在中央农村工作会议上指出，中国的18亿亩耕地红线必须予以坚守，要像保护文物一样保护耕地，因为耕地是保障国家粮食安全的根本所在。2017年年末，中国的耕地面积为20.24亿亩，但由于耕地的质量水平总体较低且优高等耕地仅占三成左右，因此，必须不断加强对于耕地资源的保护。近年来，通过研究和建立一整套土地资源使用和管理制度，中国加强了对于土地资源的科学化、合理化利用，其中包括划定永久基本农田。2018年中央1号文件以及《中共中央 国务院关于加强耕地保护和改进占补平衡的意见》等文件，都明确要求要建立数量、质量和生态“三位一体”的耕地保护新格局。2018年2月，国土资源部印发了《关于全面实行永久基本农田特殊保护的通知》，要求建立健全对于永久基本农田的“划、建、管、补、护”的长效机制，到2020年实现全国永久基本农田保护面积不少于15.46亿亩。与此同时，协同推进生态保护红线、永久基本农田和城镇开发边界三条控制线的划定工作，在坚持保护优先的原则下，统筹永久基本农田保护与各类规划相衔接，协同推进土地资源保护与经济社会建设。通过明确各类国土空间开发、利用和保护的边界，不断加强土地用途专用的许可管理、强化对于土地利用的总体规划以及年度计划管控工作等，完善对于土地资源的科学保护和利用。

第二，在节约水资源领域，主要是进行用水需求的管理。2012年国务院发布的《关于实行最严格水资源管理制度的意见》提出，要确立水资源开发利用控制红线，目标为到2030年中国的用水总量控制在7 000亿立方米以内；确立水效率控制红线，到2030年中国的用水效率达到或接近世界先进水平；确立水功能区限制纳污红线，到2030年主要污染物排入河湖总量控制在水功能区的纳污能力范围以内，且水功能区的水质达标率提升至 95%以上。为保障以上水资源发展目标的实现，必须保护水生态环境。2015 年修订的《中华人民共和国环境保护法》规定了一系列配套执法手段，《水污染防治行动计划》随后发布，成为水污染防治的顶层设计。2016 年，中国重新修订了《中华人民共和国水法》，旨在合理开发、利用、节约和保护水资源。此外，近些年来，中国还通过开发节水技术和产品，促进农业、工业和第三产业实现水资源的节约利用，以及城市生活用水的节约；与此同时，积极开发利用非常规水源，严控无序调水和人造水景工程等不必要社会性用水，最大程度促进人口、水资源和经济社会发展相协调。按照党中央和国务院的规划部署，从 2017 年 12 月 1 日起，北京、山西和内蒙古等九省市实施扩大水资源税改试点工作，以达到节约水资源的目的。

第三，在节约矿产资源领域，进行科学规划、积极推进矿业持续健康发展。绿色矿业的理念源于 2008 年中国矿业循环经济论坛发布的《绿色矿山公约》。2009 年，国土资源部下发了《关于贯彻落实全国矿产资源规划 发展绿色矿业建设绿色矿山工作的指导意见》，进一步阐述了发展绿色矿业和建设绿色矿山的战略意义。党的十八大进一步提出要加强矿产资源的勘察、保护和合理开发，成为对于当前中国矿产资源的保障能力以及不断加强生态环境建设的新要求。新时代呼唤新发展，作为国民经济社会发展的基础领域，矿产资源必须坚持绿色发展才能具有持续的保障和供应能力。2016 年 8 月，习近平同志在青海察尔汗盐湖考察时指出，务必处理好资源开发利用和生态环境保护的关系。因此，要在保护的前提下做好矿产资源的开发利用工作。2017 年，党的十九大报告指出："必须坚持节约优先、保护优先、自然恢复为主的方针，形成节约资源和保护环境的空间格局、产业结构、生产方式、生活方式，还自然以宁静、和谐、美丽。"[①] 从而对矿产资源的节约利用和保护性开发提

---

① 习近平. 决胜全面建成小康社会 夺取新时代中国特色社会主义伟大胜利：在中国共产党第十九次全国代表大会上的报告 [N]. 人民日报，2017-10-28 (4).

供了顶层规划。2018 年，自然资源部发布了《非金属矿行业绿色矿山建设规范》等 9 项行业标准，使绿色矿山的建设有法可依，而中国也成为全球首个发布国家级绿色矿山建设行业标准的国家，这一规范于 2018 年 10 月 1 日起实施。

总之，按照节约资源的基本国策，我国在节约资源方面取得了重要进展。

（二）推进资源循环利用的举措

促进资源循环利用、发展循环经济是一项复杂的系统工程，需要从多方面着手推进。

第一，加强顶层设计。为了提高资源利用效率并保护和改善环境，国务院于 2005 年印发了《关于加快发展循环经济的若干意见》，并于 2009 年 1 月开始施行《中华人民共和国循环经济促进法》，从而推动循环经济进入法治化的管理轨道。整个“十一五”时期，中国实施了《废弃电器电子产品回收处理管理条例》《再生资源回收管理办法》等法规和规章，以及 200 多项循环经济有关的国家标准，部分地区还制定了本地区的循环经济促进条例和规定。2013 年 1 月，国务院印发了《循环经济发展战略及近期行动计划》，这是中国首部循环经济发展战略规划。规划要求“十二五”期间循环经济发展迈上新台阶，到“十二五”末期，中国的主要资源产出率需提升 15%，资源循环利用产业总产值将达到 1.8 万亿元。这一规划旨在以循环型生产方式带动社会层面的循环经济发展，涉及第一、第二和第三产业的节水、节能、节地和节材等多个领域，具体提出了近 80 个量化的循环经济指标，国家也将提供税收、金融、财政以及产业投资等多项政策扶持，旨在转变经济发展方式，推动建设资源节约型和环境友好型社会。

党的十八大以来，为落实推进生态文明建设战略部署，中国将发展循环经济作为一项重大战略决策，从顶层设计上加强了建设进程。在《国民经济和社会发展第十三个五年规划纲要》中，明确提出要大力发展循环经济，实施循环发展引领计划，进一步推行循环型生产方式，从而构建绿色、低碳、循环的产业体系。2015 年印发的《中共中央 国务院关于加快推进生态文明建设的意见》进一步提出，要建立循环经济统计指标体系，从而为循环经济发展提供有效指导。2017 年初，国家发展改革委、财政部、国家统计局以及环境保护部共同下发了《循环经济发展评价指标体系（2017 年版）》，旨在科学评价循环经济发展的状况。2017 年 5 月，在十八届中共中央政治局第四十一次集体学习时，习近平同志谈道，要更加重视资源的再生循环利用，并且要全面推动重点领域实现低碳循环发展。2017 年 10 月，党的十九大报告明确提出，要推进绿色发展，“加快建立绿色生产和消费的法律制度和政策导向，建立健全绿色低碳循环发展的经济体系。”[①] 这一系列顶层设计，为发展循环经济提供了科学遵循。

第二，加强创新实践。在实践领域，按照减量化、资源化和再利用的原则，促进循环型农业、工业和服务业体系的建设，提高全社会的资源产出率。2016 年 2 月，国家发展改革委联合农业部和国家林业局发布《关于加快发展农业循环经济的指导意见》，致力于到 2020 年基本构建循环型农业产业体系，实现农业灌溉水的有效利用系数达 0.55、主要农作物化肥利用率提升至 40％以上，以及农膜回收率达 80％以上等目标。2016 年 12 月，国务院发布了《“十三五”节能减排综合工作方案》，其中明确要求建立循环经济重点工程。通过组织实施园区循环化改造、建设资源循环利用产业示范基地、建设工农复合型循环经济示范区，与此同时，推动京津冀固体废弃物实现协同处理，通过推动“互联网＋”资源循环、推广再生产品与再制造产品等专项行动，打造 100 个资源循环利用型产业示范基地、50 个工业废弃物的综合性利用产业基地以及 20 个工农复合型循环经济示范区，打造绿色、低碳、循环的产业体系。其目标是到 2020 年，再生资源替代原生资源量突破 13 亿吨，资源循环利用产业产值预计达到 3 万亿元。通过建立产业循环组合模式，促进生产

① 习近平．决胜全面建成小康社会 夺取新时代中国特色社会主义伟大胜利：在中国共产党第十九次全国代表大会上的报告［N］．人民日报，2017-10-28（4）．

系统和生活系统实现循环链接，从而构建起覆盖全社会的资源能源循环利用体系。

总之，资源节约和循环利用，是实现绿色发展的必然选择。因此，必须将其作为一项重大的战略决策，打造资源节约和循环利用体系，促进经济社会的可持续发展。

三、推进资源节约和循环利用的成效

党的十八大以来，立足于建设生态文明、推进绿色发展，资源节约和循环利用领域的工作取得了扎实的阶段性效果。

（一）资源节约方面取得显著成效

土地资源节约方面，近年来取得了较大成效。根据 2017 年 12 月发布的《全国城镇土地利用数据汇总成果》，截至 2016 年底，全国城镇土地总面积达 943.1 万公顷；2009—2016 年，全国城镇土地面积增加 218.1 万公顷，增幅达 30.1%；2016 年，工矿仓储用地产出效益达到 655.1 万元/公顷，商服用地产出效益达到 5 419.5 万元/公顷，分别较 2009 年提升 48.6%和 68.4%。在耕地保有量方面，“十二五”规划目标为 2015 年保有 18.18 亿亩，实际达到 18.65 亿亩。在土地节约集约利用方面，“十三五”规划制定了目标，提出单位国内生产总值建设用地使用面积下降 20%。通过开展国土空间规划、自然资源用途管制等工作，不断提升土地节约集约利用水平。

水资源领域的节约成效也十分显著。水资源费征收标准的变化，使水资源有偿使用、配置更优。《中华人民共和国 2017 年国民经济和社会发展统计公报》数据显示，2017 年全年水资源总量 28 675 亿立方米；万元国内生产总值用水量 78 立方米，比 2016 年下降 5.6%；万元工业增加值用水量 49 立方米，比 2016 年下降 5.9%；人均用水量 439 立方米，比 2016 年增长 0.3%。水资源利用效率显著提升。

此外，中国在矿产资源的开发、节约和利用方面取得了诸多成效。

通过加大发展绿色矿业的力度，包括加快建设绿色矿山制度、促进矿产资源实现高效利用，提高矿产资源的开采回采率、选矿回收率以及综合利用率等。一方面，矿业经济不断壮大，2008—2016 年实现采矿业固定投资达 9 万亿元以上，原矿的矿产量累计达 700 亿吨以上，矿业从业者达 1 100 余万人；另一方面，矿业资源环境保护水平显著提升，现已发布矿产资源节约利用和综合利用标准 160 余项，建成国家级综合利用示范基地 40 余个，建成国家级绿色矿山建设试点 661 个，累计投入矿山地质环境综合治理资金达 773 亿元。

绿水青山就是金山银山。唯有坚持自然资源领域的节约与开发并举，才能不断走向经济社会与环境相和谐，实现可持续发展。

（二）资源循环利用方面取得较大进展

根据国家统计局的数据，在资源的循环利用方面，主要取得了以下进展：第一，资源消耗减量化实现稳步推进。2013 年我国资源消耗强度指数较 2005 年提高了 34.7%，单位 GDP 用水量下降达 49.1%，单位 GDP 能源消耗下降达 26.4%。第二，废物排放减量化效果显著。单位 GDP 工业废水化学需氧量排放量、单位 GDP 工业二氧化硫排放量和废水排放量等都大幅下降。第三，污染物处置水平不断提升。2005—2013 年，我国城市污水处理率、城市生活垃圾无害化处理率以及工业废水化学需氧量去除率和工业废水氨氮去除率、工业二氧化硫去除率都有大幅提高。其中，城市生活垃圾无害化处理率一项提高 37.6%，工业二氧化硫去除率为 37.5%。表 3 - 1 呈现了“十三五”时期循环发展的主要指标。

表 3 - 1　　“十三五”时期循环发展的主要指标

分类	指标	单位	2015 年	2020 年	2020 年比 2015 年提高（%）
综合指标	主要资源产出率	元/吨	5 994	6 893	15
	主要废弃物循环利用率	%	47.6	54.6	7

续前表

分类	指标	单位	2015 年	2020 年	2020 年比 2015 年提高（%）
专项指标	能源产出率	元/吨标煤	14 028	16 511	17.7
	水资源产出率	元/立方米	97.6	126.8	29.9
	建设用地产出率	万元/公顷	154.6	200.4	29.6
	农作物秸秆综合利用率	%	80.1	85	4.9
	一般工业固体废物综合利用率	%	65	73	8
	规模以上工业企业重复用水率	%	89	91	2
	主要再生资源回收率	%	78	82	4 个
	城市餐厨废弃物资源化处理率	%	10	20	10
	城市再生水利用率	%	—	20	—
	资源循环利用产业总产值	亿元	1.8 万	3 万	67

资料来源：国家发展改革委，科技部，工业和信息化部，等. 循环发展引领行动［EB/OL］. http://www.ndrc.gov.cn/gzdt/201705/t20170504_846514.html.

展望未来，随着顶层规划的不断落地，节约资源、发展循环经济也会取得越来越扎实的实效，进而引领绿色发展，推进生态文明建设。

第 3 节　推进能源生产和消费革命

能源是人类社会发展的重要物质基础和动力来源，是一国可持续发展的重要支柱。在经济社会快速发展的今天，必须不断提升能源质量和利用效率，注重能源安全，进而推动经济社会的可持续发展、保障国家安全。因此，坚持绿色发展需要大力推进能源生产和消费革命。

一、推进能源生产和消费革命的根据

能源对于社会的生存和发展来说至关重要，也直接关系到一个国家的战略竞争力和持久发展力。马克思在《资本论》中曾论述劳动生产率同自然条件之间的关系。他指出，在较高的发展阶段，第二类自然富源（各类能源）具有决定性的意义。纵观各个国家的发展史，无不依赖大量消费能源而实现迅猛发展。煤炭、石油、电力的推广使用，带来了工业文明和各国经济的蓬勃发展。能源成为各国发展的重要动力，也成为国际社会博弈的关键领域。当前，能源领域出现的新变化和新趋势，成为我国推进能源生产和消费革命的重要依据。

第一，推进能源生产和消费革命的世情依据。现在，国际社会的能源形势出现了较大变化。一是页岩油气的突破使国际能源供应格局出现了新的变化，能源供需链条呈现出多元化；二是新能源技术创新日益蓬勃，各国都在抢占能源技术发展的制高点；三是传统化石能源的大量使用，带来环境问题尤其是全球气候问题，各国在应对这一问题的过程中积极寻求能源结构的转型，推进绿色低碳发展。

第二，推进能源生产和消费革命的国情依据。国内的能源形势也呼唤能源领域的变革。其一，中国是能源消费大国，随着经济社会持续发展，对能源的总需求量会不断增加。其二，我国经济发展进入新常态，呼唤能源领域实现重大变革。经济新常态意味着传统的高耗能式经济增长模式将得到不断改善，粗放式能源消费模式也将得到不断转变。其三，随着我国生态文明建设的大力推进，绿色、低碳发展将成为主流。“中国的绿色机遇在扩大。我们要走绿色发展道路，让资源节约、环境友好成为主流的生产生活方式。我们正在推进能源生产和消费革命，优化能源结构，落实节能优先方针，推动重点领域节能。”① 因此，优化能源结构、实现绿色发展将是社会发展的大趋势。

根据上述情况，2012年，党的十八大报告提出，要推动能源生产和消费革命，加强节能降耗并控制能源消费总量，确保国家能源安全。党的十八大以来，习近平同志多次重申了这一点。推动能源生产和消费革命，既是自身提升发展能力和素质的必然要求，同时也是改善生态环境、应对全球气候变化的题中之义。

二、推进能源生产和消费革命的举措

面对能源供需格局的新变化与全球能源发展的新态势，党的十九大

① 中共中央文献研究室．习近平关于社会主义生态文明建设论述摘编［M］．北京：中央文献出版社，2017：26-27.

提出要推进能源生产和消费革命，打造清洁低碳和安全高效的能源体系。基于此，我国目前主要从以下几个方面推进能源生产和消费革命，进而推动能源工作走上清洁低碳、安全高效的发展方向。

（一）推进能源生产革命，建立清洁低碳的能源体系

推进能源生产革命，就是要实现能源的清洁低碳供给。一方面主要依靠对传统能源的清洁利用以及能源供需结构的调整，另一方面则要加大能源清洁低碳技术的创新与开发。

第一，加强对传统能源的清洁利用，加大清洁能源供给。近年来，中国在传统化石能源领域不断强化清洁化利用的发展战略。2013 年，国务院印发了《能源发展“十二五”规划》，强调要推进能源实现高效清洁转化。主要的举措是：在煤电领域实现高效清洁发展，推进煤炭洗选和深加工的升级示范工作；炼油加工产业实现集约化发展；有序发展和适用天然气发电。这一规划为“十二五”时期的能源发展提供了科学规划和宏观指导，对于清洁能源的科学推进起到了至关重要的作用。2014 年 9 月，国家发展改革委会同环境保护部、商务部等六大部委共同发布了《商品煤质量管理暂行办法》，旨在强化商品煤全过程实现质量管控，推进煤炭的高效清洁利用并改善空气质量。国家能源局、环境保护部以及工业和信息化部三部委联合颁布了《关于促进煤炭安全绿色开发和清洁高效利用的指导意见》，旨在促进煤炭工业实现清洁、安全、绿色发展。到 2020 年，电煤占煤炭消费比重提高至 60%以上，煤炭转化能源效率较 2013 年提高了 2%以上。2015 年 4 月，国家能源局印发了《煤炭清洁高效利用行动计划（2015—2020 年）》。2016 年 1 月，国家能源局发布《煤炭安全绿色开发和清洁高效利用先进技术与装备拟推荐目录（第一批）》。这一系列针对行业规划所做的顶层设计，旨在推动煤炭工业实现清洁、高效、低碳、安全和可持续发展。2016 年 12 月，国家发展改革委和国家能源局联合发布《煤炭工业发展“十三五”规划》以及年度实施方案，要求加强煤炭的安全、绿色开发，促进清洁高效利用。2017 年 1 月，国家能源局召开新闻发布会，发布了《能源发展“十三

五”规划》和《可再生能源发展“十三五”规划》，要求把发展清洁低碳能源作为中国“十三五”期间调整能源结构的主要方向，坚持发展非化石能源以及清洁高效利用传统化石能源的结构模式，大力构建清洁低碳和安全高效的现代化能源体系。通过打造清洁能源供给体系，促进能源生产革命，为绿色能源消费打下坚实基础。

第二，推动能源技术创新，推广清洁低碳能源的开发和利用技术。当前，世界能源技术的发展日新月异，既为我国能源发展带来挑战，也带来了新的机遇。我国立足自主创新，能源领域的科技创新能力不断增强，在煤炭清洁开发利用技术、油气开发利用技术、先进核能技术、大型陆地及海上风电系统技术、高效太阳能发电利用技术等领域的研发上，已经取得了长足进步，部分领域达到了国际先进水平，为能源生产革命打造了良好的发展基础。2016 年中央财政拨付资金 38.6 亿元人民币，对页岩气、煤层气的开采企业和燃料乙醇的生产企业进行了相关补贴，有力地推动了清洁能源的开发和利用。2016 年，国家发展改革委和国家能源局印发《能源技术革命创新行动计划（2016—2030 年）》，要求重点就煤炭无害化开采技术，非常规油气和深层、深海油气开发技术，煤炭清洁高效利用技术，二氧化碳捕集、采用与封存技术，先进核能技术，高效太阳利用技术，大型风电技术等 15 个重点领域进行技术创新。通过技术创新，至 2030 年，建成与我国国情相适应的能源技术创新体系，将技术优势转化为经济社会发展优势，促进能源生产绿色、低碳与高效，从而为能源供给提供多元选择，保障国家能源安全。

当前，中国已经进入能源结构的战略调整期，即由过去主要依靠传统化石能源转向非化石能源不断满足需求增量的阶段。其中，天然气、核能以及可再生能源的开发利用不断加快，规模不断扩大，对煤炭等传统能源的替代性也不断增强。同时，我国也积极推广电能、天然气等能源的清洁化替代，并推进生物质能的开发和利用。国家发展改革委 2016 年 12 月印发了《天然气发展“十三五”规划》，要求加大天然气供给、培育天然气市场并促进天然气实现高效利用。天然气作为高效、清洁的低碳型能源，是传统化石能源的优质选择。“十二五”期间，中国累计天然气产量达到6 000亿立方米，比“十一五”时期增加约2 100亿立方米，年均增长率达6.7%。近年来，中国也加强了对于非常规天然气的开发利用，例如，2016年，中国的煤层气产量达到了179亿立方米，利用量达88亿立方米，数值分别较2010年增长了96%和148%。这一系列科学规划，为推动中国加快建设清洁低碳、安全高效的现代化能源体系做出了良好的顶层设计。

（二）推进能源消费革命，建立节约高效的能源市场

积极推进能源消费革命，是当前我国经济结构调整、产业结构升级、生态环境治理的必然选择。推动能源消费革命，要积极实行“双控”，即控制能源消费总量和能源消耗强度。习近平同志指出：“推动能源消费革命，抑制不合理能源消费。就是要坚决控制能源消费总量，有效落实节能优先方针，把节能贯穿于经济社会发展全过程和各领域，加快形成能源节约型社会。”① 通过“双控”不断优化能源结构，抑制能源的不合理消费，从而不断推动清洁、高效、节约的能源利用局面。

第一，控制能源消费总量，鼓励可再生能源消费。在这方面，重点是控制煤炭消费总量以及石油的消费总量，做好煤炭消费的减量工作。2014年6月，国务院办公厅印发并要求实施《能源发展战略行动计划（2014—2020年）》，以减少和替代煤炭消费，并逐步降低煤炭在能源消费中的占比。其中，明确提出到2020年，一次能源消费总量控制在48亿吨标准煤左右，煤炭消费总量控制在42亿吨左右；非化石能源占一次能源消费比重达到15%（2015年，非化石能源占比达到12.1%；2016年，达到13.3%；2017年，达到13.8%），天然气比重达到10%以上，煤炭消费比重控制在62%以内。与此同时，积极实施差别化总量管理，在大气污染重点防控地区进一步严控煤炭消费总量，实施煤炭消费减量替代计划，进一步扩大天然气替代规模。通过将京津冀等多地城

---

① 中共中央文献研究室. 习近平关于社会主义生态文明建设论述摘编［M］. 北京：中央文献出版社，2017：59.

市列为 2016 年度的大气污染重点城市和预警城市，在这些地区开展燃煤锅炉节能环保综合改造工作，利用浅层地热能和余热等代替燃煤为居民供暖，大大减少了这一地区的煤炭消费量。随后，进一步将煤炭减量替代的试点地区由原来的京津冀进一步扩展到长三角和珠三角地区，以及辽宁、山东和河南等地，项目领域从电力项目扩展至非电力项目。通过这一系列规划和举措，兼顾能源安全、地区发展和生态环境多要素，推动均衡和充分发展。

第二，控制能源消耗强度，大力推进节能减排。近些年，我国非常关注节约能源、提高能源利用效率等领域的改革攻坚，不断加强宏观调控。自 2011 年开始，国务院连续印发《“十二五”节能减排综合性工作方案》、《节能减排“十二五”规划》、《“十二五”控制温室气体排放工作方案》以及《大气污染防治行动计划》，2014 年通过了《2014—2015 年节能减排低碳发展行动方案》等，对全国节能减排工作进行了严格的全面部署和整体规划。与此同时，严格设定目标责任。针对不同地区的资源环境条件、经济发展水平和产业结构的差异，分解落实节能减排的目标责任并严格考核。在重点领域加大节能减排力度，开展工业能效提升行动、绿色建筑行动、车船路港企业节能低碳行动、公共建筑节能示范单位建设以及农村环境整治等活动。2016 年 10 月，国务院印发了《“十三五”控制温室气体排放工作方案》，指出“十三五”期间的规划目标是加快发展先进核电、大型风电、高效光电光热和高效储能等，加快与清洁能源相适应的体制机制和支撑体系的建设。到 2020 年，力争促使核电、风电、生物质能和太阳能等清洁能源占中国能源消费总量的 8%以上，产业产值规模能够超过 1.5 万亿元，将其打造成为世界领先水平的清洁能源产业。通过节能减排的目标要求，倒逼能源消费体系实现绿色升级。2017 年 1 月，国务院印发《“十三五”节能减排综合工作方案》。目标为到 2020 年，全国万元国内生产总值的能耗较 2015 年下降 15%，而能源消费总量必须控制在 50 亿吨标准煤以内。与此同时，全国实现化学需氧量、氨氮、二氧化硫和氮氧化物的排放总量分别控制在 2 001 万吨、207 万吨、1 580 万吨和 1 574 万吨以内，要求较 2015 年分别下降10%、10%、15%和15%。全国挥发性有机物排放总量要求比2015年下降10%以上。我国还确定了“十三五”期间碳排放强度下降18%、非化石能源占一次能源消费比重提高至15%等一系列约束性指标。这一系列举措，为近期的节能发展确定了目标，将节约能源贯穿于经济社会发展的全过程。

“十三五”时期的节能减排目标正是对中国“创新、协调、绿色、开放、共享”发展理念的回应，是对节约资源和保护环境基本国策的落实，为建设生态文明提供了有力支撑。这些措施彰显了中国在能源生产和消费革命领域做出的巨大努力，彰显了中国走绿色发展道路的努力与决心。

三、推进能源生产和消费革命的成效

在迎接国际社会新一轮能源变革的大潮中，我国积极推进能源生产和消费革命，加快能源转型发展，并取得了一定的阶段性成效。

第一，传统化石能源利用大幅减少，可再生能源、天然气和核能的利用大幅上升，能源结构更加优化。由于中共中央、国务院做出了一系列决策和部署，我国的能源结构优化取得了较大进展，尤其是煤炭消费减量替代工作取得诸多实效。2014年和2015年分别实现全国煤炭消费量同比下降2.9%和3.7%，实现了负增长的基本目标；2016年，中国的煤炭消费量降至37.8亿吨，比2015年减少了1.9亿吨，消费量下降4.7%。煤炭消费量连续四年下降，一次能源消费中，煤炭、石油、天然气和非化石能源的消费量也不断下降，2016年分别占比62%、18.3%、6.4%和13.3%。预计到2020年，中国煤炭消费量的比重将降至58%，而非化石能源的消费比重将达到15%左右，天然气的消费比重达到10%左右。截至2016年底，中国的水电发电装机容量达3.3亿千瓦，发电量11 748亿千瓦时；2017年底，全国水电发电量达1 1945亿千瓦时，占全部发电量的18.6%。核电发电量截至2016年底达2 132亿千瓦时，同比增长率为24.4%；2017年底至2 481亿千瓦时。并网风电发电量截至2016年底达2 409亿千瓦时，同比增长率为29.8%；2017

年发电量为3 057亿千瓦时，占全部发电量的4.8%。太阳能发电量截至2016年底达665亿千瓦时，同比增长率为68.5%；2017年底达967亿千瓦时。截至2016年底，水电、核电、风电、太阳能发电等非化石能源发电量占全国发电总量的29.1%，能源不断优化。表3－2列举了“十二五”时期能源发展的主要成就。

表3－2　　“十二五”时期能源发展的主要成就

指标	2010年	2015年	年均增长（%）
一次能源生产量	31.2	36.2	3
其中：煤炭（亿吨标准煤）	34.3	37.5	1.8
原油（亿吨）	2	2.15	1.1
天然气（亿立方米）	957.9	1 346	7.0
非化石能源（亿吨标准煤）	3.2	5.2	10.2
电力装机规模（亿千瓦）	9.7	15.3	9.5
其中：水电（亿千瓦）	2.2	3.2	8.1
煤电（亿千瓦）	6.6	9.0	6.4
气电（亿千瓦）	2 642	6 603	20.1
核电（万千瓦）	1 082	2 717	20.2
风电（万千瓦）	2 958	13 075	34.6
太阳能发电（万千瓦）	26	4318	177
能源消费总量（亿吨标准煤）	36.1	43	3.6
能源消费结构			
其中：煤炭（%）	69.2	64	〔－5.2〕
石油（%）	17.4	18.1	〔0.7〕
天然气（%）	4	5.9	〔1.9〕
非化石能源（%）	9.4	12	〔2.6〕

注：〔〕内为五年累计值。
资料来源：国家发展改革委，国家能源局．能源发展“十三五”规划［EB/OL］．http://www.nea.gov.cn/135989417_14846217874961n.pdf.

第二，以能源革命倒逼经济转型，引导行业理性发展。近些年，我国通过能源结构优化带动产业结构调整，化解产能过剩方面成效显著。2013年10月，国务院印发了《关于化解产能严重过剩矛盾的指导意见》，为化解产能过剩规划了路线图。2016年，国务院发布《政府核准的投资项目目录（2016年本）》，对于钢铁、电解铝、水泥、平板玻璃、船舶等产能严重过剩行业的新增产能进行了严格规划和控制。2016年全年化解粗钢产能超过6 500万吨，化解煤炭过剩产能2.9亿吨。中国国家发展和改革委员会发布数据显示，2016年，中国的碳排放强度比2015年下降了6.6%，远超出当初计划下降3.9%的目标。2017年，全国基本完成地级及以上城市建成区燃煤小锅炉淘汰，累计淘汰城市建成区10蒸吨以下燃煤小锅炉20余万台，累计完成燃煤电厂超低排放改造7亿千瓦。中国于2017年12月按照预期规划正式启动了全国碳交易市场，通过碳定价等方式来推动减排。在此基础上，中国政府不断提高污染物排放标准，加大对钢铁等重点行业落后产能的淘汰力度，并鼓励各地区依据自身条件制定更广泛、更严格的落后产能淘汰政策。这些规划和措施，对于实现能源理性消费、提升能源利用效率、优化产业结构具有重要的引导作用。

第三，节能减排工作扎实推进，成效显著。“十一五”时期（2006—2010年）以来，国内生产总值万元能耗下降累计达34%，节能累计达15.7亿吨标准煤，形成的节能量累计占全球同期节能量的50%以上。到2010年，中国实现万元国内生产总值能耗由2005年的1.22吨标准煤下降至1吨标准煤以下，降低了20%左右，而单位工业增加值的用水量则降低30%。主要污染物排放总量减少10%，总体上实现了“十一五”规划的节能减排目标。在整个“十二五”和“十三五”时期，节能减排都是重要的工作内容。仅“十二五”的前三年内，我国累计节能已达3.5亿吨标准煤，相当于二氧化碳排放量减少8.4亿吨。而工业、建筑、交通等重点行业，在“十二五”前三年即已有效节能2.2亿吨标准煤。整个“十二五”期间，全国单位国内生产总值的能耗降低了18.4%，而化学需氧量、二氧化硫、氨氮、氮氧化物等主要污染物的排放总量也达到了预定减排目标，分别减少达12.9%、18%、13%和18.6%，超额完成了预定的节能减排目标任务，为中国的经济结构调整、生态环境改善以及应对全球气候变化做出了重要的贡献。“十二五”期间，全国工业能效和水效大幅提升。其中，规模以上企业的单位工业增加值能耗累计下降了 28%，实现节能量达 6.9 亿吨标准煤；单位工业增加值产生用水量累计下降了 35%，并且提前一年完成“十二五”淘汰落后产能任务。2013 年上半年，全国单位 GDP 能耗下降 3.4 个百分点，高技术产业增加值则增长了 11.6 个百分点。可见，节能减排与优质发展、绿色发展并不矛盾，而是互促互补的。

总之，能源事关国家能源安全和经济社会发展的能力与活力。当前，我国经济发展进入新常态，现代化建设进入关键阶段。通过推进能源生产和消费革命，促进能源发展实现提质增效，可以为现代化建设提供坚实的能源基础和有效的能源保障。

第 4 节　促进开发布局和经济布局绿色化

开发布局和经济布局的绿色化是实现绿色发展的重要一环。在 2018 年全国生态环境保护大会上，习近平同志强调指出，绿色发展是构建高质量现代化经济体系的必然要求，也是解决污染问题的根本对策，尤其强调推动绿色发展的重点工作之一就是优化国土空间开发布局和调整区域流域产业布局。他认为，国土是生态文明建设的空间载体，要从大的方面统筹谋划、做好顶层设计，就一定要把国土空间格局设计好。对国土空间进行开发和利用，事实上就是经济发展和工业化、城镇化的过程，必然要落实到具体的国土空间。这就需要做好国土空间开发的工作，科学布局生产空间、生活空间和生态空间，从而统筹人口的分布、经济的布局、国土的利用以及生态环境的保护。在具体层面上，则要求统筹好国土空间开发以及区域流域产业布局，促进开发布局和经济布局绿色化。只有不断优化国土空间开发布局，才能促进区域流域产业布局的不断合理化，促进区域经济快速、健康发展；唯有区域规划和产业布局不断合理化，才能不断优化国土空间开发布局。因此，二者互促互补，相辅相成。

一、促进开发布局和经济布局绿色化的根据

在国土空间开发中，我们要从全国视角以及整体利益出发，根据不同区域的资源条件和环境承载力、既有的开发强度和未来发展潜力，统筹规划，从而优化人口、经济、社会以及环境等各种要素的配置，实现经济社会的可持续发展。

（一）促进开发布局绿色化的根据

实现开发布局的绿色化有其科学的依据。

第一，促进开发布局绿色化的国情依据。中国的国土空间特点较为明显。大体说来，主要有以下几个：(1) 陆地空间大但适合开发的面积较少。中国陆地国土面积 960 万平方公里，居世界第三位。其中，山地占比约 33%，高原占比约 26%，平原占比约 12%，盆地和丘陵占比约 29%。适合工业开发和城镇建设的面积实际不足 20%；扣除已经开发和必须保护的耕地，未来可继续用于工业建设和城镇化建设等用地面积只有 28 万平方公里，仅占国土面积的 2.9%。(2) 水资源总量丰富但分布不均衡。中国的水资源总量居世界第 6 位，约为 2.8 万亿立方米；但人均水资源占有量仅达世界人均占有量的 28%。此外，水资源空间分布不均衡，南方地区水资源占有量为全国的 81%，北方地区仅达 19%。水资源的分布不均直接导致了不同地区的经济社会发展不均衡，并带来了诸多生态环境问题。(3) 能源和矿产丰富但总体上相对短缺。中国的能源和矿产资源总体丰富，但一些重要化石能源和矿产资源的人均占有量远低于世界人均水平，且地理分布十分不均。煤炭、石油和天然气的人均占有量仅为世界平均水平的 67%、5.4%和 7.5%[①]。(4) 生态类型多样但基础较为脆弱。中国的生态类型十分多样，森林、草原、湿地、荒漠和海洋等生态系统都有所分布，但生态基础较为脆弱。中度以上生态

---

① 中国的能源政策（2012）[EB/OL]. http://www.gov.cn/zwgk/2012－10/24/content_2250617.htm.

脆弱区域占比全国陆地国土空间达 55%。(5) 自然灾害频发且灾害破坏性大。由于整体生态系统较为脆弱，因此受灾区域和人口数较多，对于工业化和城镇化建设的挑战较大。因此，在优化国土空间开发布局的过程中，必须准确了解和把握中国的基础国情。

第二，促进开发布局绿色化的政策依据。中国的国土空间开发规划和布局政策经历了一个渐进的过程。2001 年 3 月，国家环保总局下发《生态功能保护区规划编制导则》，对全国生态功能保护区规划的编制工作进行指导和规范。2006 年，“十一五”规划提出要推进形成主体功能区并编制全国的主体功能区规划。要求根据资源环境的承载能力、现有的开发密度和发展的潜力，统筹考虑未来中国人口分布、经济布局、国土利用和城镇化格局，将国土空间划分成优化开发、重点开发、限制开发和禁止开发四类主体功能区，按照主体功能区的定位来调整和完善区域政策以及绩效评价，进一步规范国土空间开发秩序，形成合理的国土空间开发结构。从而明确了主体功能区的范围、功能定位、发展方向以及区域政策。2007 年 7 月，国务院发布了《国务院关于编制全国主体功能区规划的意见》，对编制全国主体功能区规划，促进形成经济、资源环境和社会（人口）相协调的空间开发格局做出了详细规划。根据国家和省级层面确定主体功能区，不同层级的功能区划和开发战略不同。在区域政策上，细化为财政政策、投资政策、产业政策、土地政策、人口管理政策、环境保护政策以及绩效评价和政绩考核。2007 年，党的十七大进一步强调，要优化国土空间开发格局，加强国土规划，按照构建主体功能区的要求，完善区域政策和调整经济布局。2008 年 7 月，环境保护部会同中国科学院共同编制了《全国生态功能区划》（2015 年进行了修订）。2010 年 12 月，国务院印发了《全国主体功能区规划》，要求不断推动形成主体功能区。即根据不同区域的资源和环境承载能力、现有开发强度和发展潜力，统筹规划全国的人口分布、经济布局、国土利用以及城镇化格局，确定优化开发、重点开发、限制开发以及禁止开发四大区域的主体功能，并据此明确各区域的开发方向，完善开发政策并控制开发强度，严格规范开发秩序，逐步形成经济、社会、人口和资源环境相协调的国土空间开发格局。2012 年，党的十八大又一次明确强调，国土是生态文明建设的空间载体，要优化国土空间开发格局。党的十八大报告指出，要按照人口、资源和环境相协调，经济、社会和生态效益相统一的原则，控制国土开发的强度、调整国土空间的结构，促进生产空间做到集约高效、生活空间实现宜居适度、生态空间呈现山清水秀。

第三，促进开发布局绿色化的理论依据。优化国土空间开发格局已经成为生态文明建设的重要任务。在推进绿色发展的进程中，习近平同志十分重视国土问题，认为国土是生态文明建设的空间载体。要求“从大的方面统筹谋划、搞好顶层设计，首先要把国土空间开发格局设计好。要按照人口资源环境相均衡、经济社会生态效益相统一的原则，整体谋划国土空间开发，统筹人口分布、经济布局、国土利用、生态环境保护，科学布局生产空间、生活空间、生态空间，给自然留下更多修复空间，给农业留下更多良田，给子孙后代留下天蓝、地绿、水净的美好家园”①。2019 年 1 月，中央全面深化改革委员会第六次会议审议通过了《关于建立国土空间规划体系并监督实施的若干意见》。会议指出，“多规合一”（主体功能区规划、土地利用规划、城乡规划等空间规划融合为统一的国土空间规划），是党中央做出的重大决策部署，要科学布局生产空间、生活空间和生态空间。这样，就为优化国土空间工作提出了科学的指导思想。

总之，促进开发格局绿色化具有重要的战略意义。

（二）促进经济布局绿色化的根据

从优化国土空间的角度来看，工业化、城镇化事实上就是在国土开发基础上，将农业空间以及生态空间转化为城市化空间的过程。因此，如何最优开展工业化和城镇化建设，涉及如何在国土空间范围内，在合适的区域流域进行科学的经济布局，从而按照人口、资源和环境相协调

---

① 中共中央文献研究室. 习近平关于社会主义生态文明建设论述摘编［M］. 北京：中央文献出版社，2017：43-44.

的原则和经济、社会和生态效益相统一的原则，统筹规划人口分布、经济布局以及国土利用和生态保护，实现生产空间、生活空间和生态空间的合理化。

第一，促进经济布局绿色化的现实依据。近年来，中国区域流域的产业布局面临一些严峻挑战，成为促进经济布局绿色化的现实依据。首先，在第一产业领域，存在耕地减少过多和过快的现象，粮食安全保障压力较大。中国的耕地面积在1996年约为19.51亿亩，到2008年约为18.26亿亩。所谓18亿亩耕地红线由此而来，即中国农产品供给安全的红线。此外，一些传统农业产区也面临着环境挑战。例如，河北省是中国北方的产粮大省，数十年来过度开采地下水支撑粮食生产，付出了巨大的生态代价。作为中国地下水超采较为严重的省区之一，全省80%以上农田是井灌区，农业用水占全省用水量的70%以上；2015年，河北平原区地下水超采面积占全河北省国土面积的35%，达到6.71万平方公里，成为全国超采最严重的省份。其次，在第二产业领域，因为长期的工业化建设带来了环境问题。空间结构不合理、国土空间利用效率较低；资源开发强度过大，生态损害严重，环境问题突出。在工业化进程中，生活空间和生态空间过多让位于生产共建，工矿建设空间多于绿色生态空间，工矿建设空间的单位面积产出较低。一些地方由于存在粗放式的过度开发，导致能源不足、水资源短缺问题频发，长距离、大规模的输煤、输电、输气和调水不仅带来了严重的经济负担，还造成了环境破坏和交通拥堵等问题。此外，大气和地表水环境质量的总体状况较差，许多地区的污染物排放量超标。最后，在第三产业涉及的领域里，由于区域产业发展不平衡，客观上带来了城乡和区域发展不协调的问题；城镇化建设水平还不够高导致了公共服务和生活条件不均衡。产业布局失衡带来的人口和经济布局失衡，客观上导致了地区间生活条件以及公共服务的差距较为明显。这些挑战从根源上，都需要进行区域流域产业布局的调整，从而缓解经济、社会和环境压力，实现可持续发展。

第二，促进经济布局绿色化的理论依据。基于对国情和现实的全面认识，我国日益重视对于经济布局的调整，加强了顶层设计，使优化区域流域产业布局具有了科学的理论依据。习近平同志多次谈到区域流域产业布局问题。例如，针对长江经济带的设计，他提到，推动长江经济带发展是党中央做出的重大决策，是关系国家发展全局的重大战略。2016 年 1 月，他在重庆听取有关部门对推动长江经济带发展的意见和建议时谈道，长江是中华民族发展的重要支撑，是中华民族的母亲河，推动长江经济带的发展需要从中华民族的长远利益去考虑，需要走生态优先、绿色发展的路子。“推动长江经济带发展，理念要先进，坚持生态优先、绿色发展，把生态环境保护摆上优先地位，涉及长江的一切经济活动都要以不破坏生态环境为前提，共抓大保护，不搞大开发。思路要明确，建立硬约束，长江生态环境只能优化、不能恶化。要促进要素在区域之间流动，增强发展统筹度和整体性、协调性、可持续性，提高要素配置效率。要发挥长江黄金水道作用，产业发展要体现绿色循环低碳发展要求。”① 长江经济带的建设，可以对我国生态文明建设起到先行示范、创新驱动和协调发展的带动作用。因此，要正确把握生态环境保护和经济发展的关系，探索协同推进生态优先和绿色发展新路子。正确把握自身发展和协同发展的关系，努力将长江经济带打造成为有机融合的高效经济体。示范经济带的绿色、创新和协调发展，将有效带动区域流域产业布局走向科学化、合理化。

总之，促进经济布局绿色化有其科学的依据，有其重大的战略意义。

二、促进开发布局和经济布局绿色化的举措

优化国土空间开发，促进开发布局和经济布局绿色化，对于实现可持续发展具有重要意义。按照开发方式，基于不同区域的资源和环境承载力、已有开发强度和未来开发潜力，中国将国土空间划分为优化开发

---

① 习近平. 在深入推动长江经济带发展座谈会上的讲话 [N]. 人民日报，2018-06-14 (2).

区域、重点开发区域、限制开发区域和禁止开发区域。这四类主体功能区的规划基准即为是否适合进行大规模和高强度的工业化及城镇化，基于此进行自身的产业布局和产业结构的调整。近年来，秉承尊重自然、顺应自然、保护自然的开发理念，我国在这一领域做了大量的工作，不断优化开发布局和经济布局，促进人口、资源、环境与经济社会协调发展。

（一）促进开发布局绿色化的举措

围绕着这一问题，党的十八大以来，我们建立和完善了自然资源用途管理制度、生态保护红线制度、国土空间开发保护制度、国家公园体制、国土空间用途管制制度等生态文明制度体系，强调用制度规范国土空间开发，促进生态环境的良性发展。2015 年，中共中央、国务院联合下发的《关于加快推进生态文明建设的意见》，强调要建立并完善自然资源资产用途管制制度。文件强调要明确各类国土空间的开发、利用及保护边界工作，实现能源、水资源和矿产资源按照质量分级并实现梯级利用。它要求坚持和完善最严格的节约用地及耕地保护制度，同时强化土地利用总体规划并加强年度计划管控，大力加强土地用途转用许可管理。与此同时，还要求完善矿产资源规划制度，加强矿产开发准入管理。从 2011 年开始，中国陆续出台了相关政策和意见，探索建立生态保护红线制度。2011 年，《国务院关于加强环境保护重点工作的意见》中提及，要加大生态保护力度，强调中国要编制环境功能区划，在重要的生态功能区、陆地和海洋生态环境敏感区以及脆弱区等区域划定生态红线，针对各类主体功能区分别制定相应的环境标准与环境政策。2013 年，党的十八届三中全会通过的《中共中央关于全面深化改革若干重大问题的决定》强调，要划定生态保护红线；要建立并实施主体功能区制度和国土空间开发保护制度，严格按照主体功能区定位推动发展，建立国家公园体制。2015 年出台的《关于加快推进生态文明建设的意见》则进一步确立建立生态红线制度的思想。同年发布的《生态文明体制改革总体方案》指出，要树立空间均衡理念，把握人口、经济、资源环境的平衡点推动发展，各地区人口规模、产业结构、增长速度不能超过当地水土资源承载能力和环境容量。《方案》提出，要以 2020 年为时间节点，建立起国土空间开发保护制度和空间规划体系。

在上述政策背景下，国家制定有关国土空间开发保护的法律制度，用法治保障国土空间开发。按照不同主体功能定位，建立不同的法律体系。

第一，优化开发区域。这主要涉及经济较为发达、人口相对密集、开发强度比较高、资源和环境问题比较突出的区域，主要指应该优化工业化和城镇化开发的城市化地区。主要包括环渤海地区（涉及京津冀、辽中南以及山东半岛地区）、长江三角洲地区（包括上海市、江苏省以及浙江省的部分地区）、珠江三角洲地区（包括广东省中部以及南部的部分地区）。这些地区普遍大气污染和水环境质量问题突出，因此，在开发和建设的过程中，必须严格遵守《中华人民共和国环境保护法》《中华人民共和国水污染防治法》等法律，严厉打击环境违法行为，提升监管水平，加强大气污染防治、水域生态综合治理以及生态修复工作。

第二，重点开发区域。这指的是具有一定的经济基础、资源和环境承载力较强、未来发展潜力较大且人口聚集和经济聚集的条件较好，因而应该予以重点进行工业化和城镇化开发的城市化地区。这一地区主要包括冀中南地区（包括河北省中南部以石家庄为中心的部分地区）、太原城市群（包括山西省中部以太原为中心的部分地区）、呼包鄂榆地区（包括内蒙古自治区呼和浩特、包头、鄂尔多斯和陕西省榆林的部分地区）等共计 18 个地区。这些地区地质和资源环境各不相同，有的地区存在较大的空气和水环境压力，有的地区主要涉及土壤质量问题等。因此，在这些地区，除了要提高发展质量，还要保护生态环境。对于区域的生态环境和基本农田等要事先做好保护规划，减少工业化和城镇化建设对生态环境造成的负面影响，避免出现土地占用过多、水资源过度开发以及生态环境承载力过大等问题。依据大气污染、水污染和土壤污染相关防治法律和制度，加强生态环境监管，从而在优化结构、提高效益的同时，实现降低消耗、保护环境的可持续发展状态。

第三，限制开发区域。这主要涉及限制进行大规模高强度工业化、城镇化开发的农产品主产区，以及限制进行大规模高强度工业化、城镇化开发的重点生态功能区。前者主要指具备良好农业生产条件、主体功能为提供农产品、限制进行大规模高强度工业化和城镇化开发，且以保持和提升农产品生产能力为主的区域。后者包括保障国家生态安全的重点区域，也是促进人与自然和谐共生的示范区域。对于这两类地区，主要涉及《中华人民共和国土地管理法》、《中华人民共和国土地管理法实施条例》和《基本农田保护条例》等法律法规，以及《生物多样性公约》和其他涉及生态修复和公共服务类的法律法规等。在限制开发区域，要对各类开发活动予以严格管制，尽可能减少生产生活活动对于自然生态系统的干扰，不得损害生态系统的完整性和稳定性。因此，要对矿产资源的开发及其强度、产业准入的环境标准、城镇布局的开发和建设等，加强法律的规范和制度的引导。

第四，禁止开发区域。这指的是应该依法设立的各种类别和级别的自然文化资源保护区域，以及其他类型需禁止工业化城镇化开发并予以特殊保护的重点生态功能区。对于禁止开发区域，要严格遵守《中华人民共和国自然保护区条例》、《保护世界文化和自然遗产公约》、《风景名胜区条例》、《中华人民共和国森林法》、《中华人民共和国森林法实施条例》、《中华人民共和国野生植物保护条例》、《世界地质公园网络工作指南》以及相关法律规定和国家规划，对区域内自然生态以及文化自然遗产进行严格保护，控制人为因素的干扰，严格禁止不符合主体功能定位的开发活动，实现污染物的“零排放”，提高该区域的生态环境质量。

这样，通过推进国土空间开发的法制化进程，促使规划程序实现严格的编制、审批、实施和修改，从而提升国土空间开发的科学化、法制化和规范化水平。最终，通过一系列制度建设和法律建设，推动实现开发布局的科学规划和可持续管理。

（二）促进经济布局绿色化的举措

经济布局要立足于本区域的功能区定位，发挥自身的比较优势，形成本区域的优势产业，获取最大的区域经济和社会效益，从而进一步促进国土空间布局的优化。在国务院 2010 年 12 月印发的《全国主体功能区规划》中，将国土空间进行了科学规划，划分为优化开发区域、重点开发区域、限制开发区域以及禁止开发区域这四类主体功能区；并且在此基础上，对四个功能区的功能定位、发展方向和开发监管的指导原则进行了详细规划。此外，2015 年《关于加快推进生态文明建设的意见》对自然资源资产用途管制制度的设计，对各类国土空间的开发、利用、保护边界问题予以了明确，对能源、矿产资源和水资源实行质量分级和阶梯利用。通过进一步细化最严格的耕地保护和节约用地制度、矿产资源规划制度以及国土空间用途管制制度，进行区域流域产业的科学规划和合理布局。由于主体功能区的定位不同，近年来，中国在推进经济社会发展过程中，十分注重调整区域流域的产业布局，以实现经济、社会和环境协调发展的综合效益。有关主体功能区的分类与功能详见表 3－3。

表 3－3　　　　主体功能区分类与功能

<table>
<tr><th>层级</th><th>开发方式</th><th>开发内容</th><th>主体功能</th><th>其他功能</th></tr>
<tr><td rowspan="6">国家/省级</td><td>优化开发区域</td><td rowspan="2">城市化地区</td><td rowspan="2">提供工业品和服务产品</td><td rowspan="2">提供农产品和生态产品</td></tr>
<tr><td>重点开发区域</td></tr>
<tr><td rowspan="2">限制开发区域</td><td>农产品主产区</td><td>提供农产品</td><td>提供生态产品、服务产品和工业品</td></tr>
<tr><td>重点生态功能区</td><td>提供生态产品</td><td>提供农产品、服务产品和工业品</td></tr>
<tr><td rowspan="2">禁止开发区域</td><td>农产品主产区</td><td>提供农产品</td><td>提供生态产品、服务产品和工业品</td></tr>
<tr><td>重点生态功能区</td><td>提供生态产品</td><td>提供农产品、服务产品和工业品</td></tr>
</table>

资料来源：国务院．全国主体功能区规划［EB/OL］．http://www.gov.cn/zwgk/2011－06/08/content_1879180.htm.

在此基础上，2016 年 11 月，国务院印发了《“十三五”生态环境保护规划》，要求全面落实主体功能区规划。同时，强化主体功能区在国土空间开发保护工作中的基础性作用，进而推动形成主体功能区布局。按照开发内容所划分的城市化地区、农产品主产区和重点生态功能区，其区域功能各有不同——城市化地区意在聚集人口与经济，农产品主产区旨在强化其农业综合性生产能力，而重点生态功能区则主要用于修复和保护基础生态环境。依据区域主体功能定位的不同，制定各自不同的生态环境目标、环境治理保护措施以及考核评价标准。结合主体功能定位，不断调整和优化产业布局。

1. 优化开发区域的产业布局

优化开发区域需要引导城市的集约紧凑和绿色低碳发展，积极发展节能、节地、节水、环保的先进制造业，推动产业结构向高科技、高效率和高附加值转变，大力提升清洁能源的比重，资源能源消耗以及主要污染物排放强度接近或达到国际先进水平；同时，扩大绿色生态空间，不断优化生态系统格局。京津冀、长三角和珠三角地区不仅是优化开发区域的重点地带，也是整个中国经济发展的核心地带，因此，考察这三个地区的产业布局和发展，可以一窥中国近年在优化开发区域所进行的产业布局规划与调整。

（1）京津冀地区产业布局规划。目前，京津冀协同发展是中国区域协调发展的重要战略之一，而推动京津冀协同发展也是中国解决区域发展不平衡、不协调的重要实践。京津冀区域涉及北京市、天津市、河北省三个主要省份，截至2016年末，人口总计11 205万，土地面积达21.6万平方公里。尽管地理相邻，但三个省份之间的发展水平差异巨大，京津冀地区整体发展不平衡、不协调问题非常突出。2016年，北京、天津和河北三个省市的人均GDP分别为118 198元、115 053元和43 062元；最低的河北省人均GDP仅占北京的36.4%和天津的37.4%。而在经济社会发展阶段上，三者差距也极其明显，北京目前已进入后工业社会，天津则处于工业化后期，而河北省的发展水平则仍处于工业化中期乃至初期阶段。因此，解决这一区域发展不协调、不平衡的问题既是一个极大的挑战，同时对其他区域也具有带动意义和示范意义。因此，京津冀协同发展与“一带一路”建设、长江经济带发展等共同构成当前中国发展的重大战略。

作为中国经济社会发展的重要一隅，京津冀地区近年在经济发展、城市建设以及创新能力发展方面都取得了较大的成就，这一区域所具有的优势部门和行业的覆盖面以及所涉及的领域也非常全面。因此，在总体上，京津冀区域的产业体系的完整性是国内其他区域所无法比拟的。但是，京津冀地区也面临着区域发展不平衡诸多问题。通过外部比较可以看到京津冀地区发展的不足之处。第一，京津冀地区的总体产业发展以及工业竞争力较其他地区优势不明显，竞争力不强；第二，京津冀都市圈总体发展水平不高，人均国内生产总值和长三角以及珠三角地区存在较大差距；第三，京津冀都市圈内，第二产业占国民经济比重远落后于长三角和珠三角都市圈。就内部产业结构来看，京津冀地区存在由来已久的产业同构矛盾。区域内大部分地区都形成了源自计划经济体制下的钢铁、建材、化工、电力、重型机械以及汽车等传统产业，而目前又争相发展生物制药、电子信息以及新材料等高新技术产业。产业同构势必造成竞争加剧、资源浪费和环境负担过重等问题。因此，京津冀地区迫切需要整合产业结构，按照各自资源和特色，形成一脉相承的产业链，三地共同规划发展、共享产业利润。

2015 年，中共中央政治局审议通过《京津冀协同发展规划纲要》。《纲要》为三省市分别做出明确发展定位——北京市定位为全国政治中心、文化中心、国际交往中心和科技创新中心，天津市定位为全国先进制造研发基地、北方国际航运核心区、金融创新运营示范区以及改革开放先行区，河北省则定位为全国现代商贸物流重要基地、产业转型升级试验区、新型城镇化与城乡统筹示范区和京津冀生态环境支撑区。这样，通过整体规划形成优势互补，有利于促进生产要素在更大空间范围内实现优化配置，打造京津冀协同创新共同体，促进区域协调平衡发展。

在产业结构的调整上，三省市各有分工。北京市将重点发展以交通运输业、邮电通信业、金融保险业、房地产业以及批发零售和餐饮业为主的第三产业，同时积极发展教育、文化和科研为主的创意文化产业，以及新材料、生物工程和微电子等为主的高新技术产业，以及金融、保险、商贸、会展和物流等领域为代表的现代服务业。天津市则需要发挥其制造业优势和港口区位优势，大力发展电子信息、汽车、装备制造、新能源、环保设备、生物技术和现代医药等产业，同时，适当发展大运量的临港重化工业。河北省涉及8个城市，即石家庄、秦皇岛、唐山、廊坊、保定、沧州、张家口和承德8市，定位为建设和发展原材料重化工基地、现代化农业基地和旅游休闲度假区域，打造重化工基地和农业基地。京津冀地区通过对接传统产业和战略性新兴产业，依靠区位规划，合理布局，将对中国北方未来发展及其参与国际竞争具有重要的战略意义。

（2）长三角地区产业布局规划。2016年3月，中共中央政治局审议通过《长江经济带发展规划》（2018年4月正式印发），《规划》成为指导长江经济带发展的重要纲领性文件。长江经济带覆盖上海、浙江、江苏、安徽、江西、湖北、重庆等11个省市，面积约205万平方公里，占中国国土面积的21%，人口及经济总量均超过全国的40%，地区生产总值占全国总量的44%。可以说，这一地区经济综合实力较强、生态环境地位重要、发展潜力十分巨大。与此同时，这一地区也面临着工业企业密集且部分企业清洁生产水平不高、产业结构及布局不合理造成累积和潜在生态环境问题较为突出等瓶颈问题。因此，长江经济带的规划基点为空间布局，基于“生态优先、流域互动、集约发展”的思路，我们提出并形成“一轴、两翼、三极、多点”的格局。所谓“一轴”，是指以长江黄金水道为依托，发挥上海、武汉、重庆市的核心作用，以沿江主要城镇为节点构建的沿江绿色发展轴；“两翼”是指在长江主轴线的辐射和带动作用下，向南北两侧腹地延伸拓展，从而提升南北两翼支撑力。其中，南翼以沪瑞运输通道为依托，而北翼则以沪蓉运输通道为依托；“三极”指的是以长江三角洲城市群、长江中游城市群和成渝城市群为主体，通过发挥辐射带动作用打造长江经济带三大增长极；“多点”指的是充分发挥三大城市群以外其他地级城市的支撑作用，将资源环境承载力作为基础，不断完善城市基础功能，发展优势产业作用，建设特色城市并加强与中心城市的经济联系及互动，从而带动地区经济发展。

对于长江经济带的产业规划，主要立足于这一地区的主体功能以及工业化城镇化发展特点和需求，突出产业转移的重点。长江经济带的地理位置决定了其在资源和生态环境方面具有重要的地位，因此，在区域产业布局调整时十分重视经济与环境和社会效益相统一。在长江下游地区积极引导布局资源加工型、劳动密集型产业，推动以内需为主的资金及技术密集型产业加快向中上游地区转移；中上游地区则立足于当地资源环境的承载能力，因地制宜，合理承接相关产业，促进区域产业价值链的整体提升。与此同时，严格禁止污染型产业及企业向长江中上游地区转移。在此基础上，搭建承接产业转移的平台，创新产业转移的方式。一方面，通过国家指导和社会参与，利用扶贫帮扶和对口支援等区域合作方式，搭建产业转移的合作平台；另一方面，探索产业转移的区域合作模式，鼓励附近一些经济较为发达区域，如上海、浙江和江苏等省市在长江中上游地区共建产业园区，拓展发展空间，实现区域经济利益共享。

（3）珠三角地区产业布局规划。珠三角地区，指的是位于广东省中南部、珠江入海口处的区域。传统意义上的珠三角经济区涉及广州、深圳、佛山、东莞、惠州、中山、珠海、江门和肇庆 9 市；新规划的珠三角地区还包括清远、韶关等 5 个城市、2 个特别行政区以及 1 个特别合作区。作为华南门户，珠三角是中国对接东南亚和港澳地区的窗口，因此经济布局和发展起步较早。珠三角城市圈较内地率先布局，通过“三来一补”（来料加工、来料装配、来样加工和补偿贸易的简称）的加工业结构完成早期经济积累，形成了贸易、航运设施建设以及金融业的产业结构模式，发展较为强劲。在世界经济结构和格局不断变革的国际大背景下，珠三角地区近年来的发展面临着机遇与挑战。机遇主要体现在两方面，就外部而言，国际产业和技术的转移在不断推进，产业融合、服务业知识化以及制造业的服务化都使国际产业结构发生了深刻变化，技术和产业革命以及消费结构的转化都为珠三角地区的发展带来了新机遇；就内部而言，珠三角地区自身的发展需求和动力强劲。而挑战方面则体现为，其区域产业存在着价值链相对低端、资源要素的整体配置效率不高，以及竞争力不强等瓶颈问题。

在机遇与挑战并存的局势下，珠三角地区致力于加快推进区域产业布局一体化，增强自身优势，积极参与国际产业竞争与合作。近年来，珠三角地区的产业格局逐渐由原来的出口加工业转向具有“轻、智、终端”特色的高科技产业。改革开放三十周年之际，经国务院批准，国家发展和改革委发布了《珠江三角洲地区改革发展规划纲要（2008—2020）》。其中，对珠三角地区的产业结构进行了宏观规划。在当前和未来的一段时间内，珠三角地区要将信息化和工业化进行融合，优先发展现代服务业，同时加快发展先进制造业，并大力发展高新技术产业；改造和提升原有的传统优势产业，大力发展现代农业，建设以现代服务业和先进制造业并行驱动的主体产业群；在此基础上，打造高级化产业结构、聚集化产业发展和高端化产业竞争力的现代产业体系。2008 年，广东省政府发布《关于加快建设现代产业体系的决定》。其中明确提出要建设“珠三角现代产业核心区”的构想，并要求珠三角各市基于区域经济一体化的战略要求，统一规划区域内产业发展、定位和重点，同时实现错位发展、优势互补，致力于把珠三角打造成核心竞争力强、高端产业集聚且三次产业协调发展的优势区域，从而成为带动广东全省且辐射华南的现代产业示范区。在具体规划上，广东省将珠三角地区的产业结构定位在打造以现代服务业和先进制造业为核心的现代产业体系，具体包括六大产业：第一，打造以生产性服务业为重心的现代化服务业（涉及金融业、物流业、信息服务业、科技服务业、外包服务业、商务会展业、文化创意产业和总部经济等八大产业）；第二，打造以装备制造业为主体的先进制造业（涉及钢铁、石化、船舶制造、装备制造和汽车五大产业）；第三，打造以品牌带动的优势传统产业（涉及以高新技术来改造提升的产业，包括五金、家具、家电、纺织服装、陶瓷、建材和食品饮料等；以及提高百姓生活质量的有关产业，包括房地产、旅游、住宿和餐饮等产业）；第四，发展以电子信息为主导的高新技术产业（涉及电子信息、新材料、节能与新能源、环保、生物医药和海洋生物等六大产业）；第五，发展兼顾质量和效益的现代农业（涉及优质粮食、畜牧业、渔业、现代林业、特色园艺业和农产品的精深加工服务业等六大产业）；第六，打造以交通、水利和能源等为支撑的基础产业（涉及油、气、煤、电等能源产业，堤坝库水利工程以及海陆空交通等交通产业）。2010年，为贯彻落实《珠江三角洲地区改革发展规划纲要（2008—2020）》，广东省人民政府印发《珠江三角洲产业布局一体化规划（2009—2020年）》。这一规划对珠三角地区2009年至2020年的产业布局进行了规划，致力于促进珠三角地区实现优势产业聚集，推动产业合理分工和资源的高效配置，进而不断提升竞争力、优化生态环境。2019年8月18日，《中共中央 国务院关于支持深圳建设中国特色社会主义先行示范区的意见》发布。这一文件对于珠三角地区绿色发展也具有重大指导意义。

2. 重点开发区域的产业政策

在国家层面的重点开发区域，由于涉及地区较多，各区域地理条件、资源环境和经济社会等差异较大，因此，区域功能十分不同。

我们针对不同地区做了不同的产业规划和调整。（1）在冀中南地区，主要打造新能源、高新技术产业和装备制造业基地，并致力于建成区域性商贸流通、物流、金融服务、旅游和科教文化中心。（2）在太原城市群，致力于打造资源型经济转型示范区，并将该区域定位发展成全国重要的能源、煤化工、原材料、装备制造业以及文化旅游业基地。（3）在呼包鄂榆地区，产业结构主要针对当地的资源和能源基础，定位为全国重要的煤化工基地，能源、农畜产品加工基地以及稀土新材料的产业基地，同时形成北方重要的装备制造业和冶金基地。（4）哈长地区因为其位于全国“两横三纵”城市化战略大格局中的京哈和京广通道纵线的北段，因此，其区域布局为中国面向俄罗斯及东北亚地区对外开放的门户地带，其产业规划则针对能源、装备制造业，致力于打造石化、原材料、高新技术产业、生物以及农产品加工地带，通过这一地区的产业发展带动北方地区的发展。（5）东陇海地区，位于中国“两横三纵”城市化战略的路桥通道横轴的东段，因此，其产业规划主要立足于这一地区的沿海港口特色，发展沿海临港产业，包括能源、先进制造业、物流以及特色农产品生产和加工产业等。(6) 江淮地区位于中国“两横三纵”城市化战略的沿长江通道的横线，因此，这一地区致力于打造承接产业转移的示范区，建设能源原材料以及先进制造业，形成区域性高级技术产业基地，创建科技创新基地并建立全国重要的科研教育基地。(7) 海峡西岸经济区，因其位于中国“两横三纵”城市化战略格局纵轴南段的沿海，因此区域功能定位为打造东部沿海地区先进制造业的重要基地，促进两岸人民交流合作的先行先试区以及建设中国重要的文化和自然旅游中心。其产业规划立足于沿海产业集群，发展闽台特色农业，共建两岸经济连接以及强化沿海生态涵养与污染防治等。(8) 中原经济区主要涉及河南省郑州市及周边中原城市群，产业规划定位于能源原材料基地、物流中心和综合交通枢纽，全国的先进制造业、高新技术产业和现代服务业基地以及区域性科技创新中心等。(9) 长江中游地区，产业规划定位为全国重要的综合交通枢纽，全国重要的先进制造业、高新技术产业和现代服务业基地，区域性科技创新基地以及长江中游地区的经济和人口密集区。(10) 北部湾地区，区域定位为面向东盟国家的重要门户，产业规划致力于打造区域性加工制造基地、物流基地、商贸基地和信息交流中心。(11) 成渝地区，区域定位为全国统筹城乡发展的示范区，产业规划致力于打造全国重要的先进制造业、高新技术产业和现代服务业基地，建设西南地区的科技创新基地，发展商贸物流、综合交通枢纽、金融中心和科技教育以及形成西部地区重要的经济和人口密集区。(12) 黔中地区主要涉及以贵阳市为中心的贵州省中部地区。其产业规划主要致力于打造全国重要的烟草工业基地、能源原材料基地和绿色食品基地以及重点发展航空航天的装备制造业基地，同时依托地方优势重点发展旅游业，构建区域性商贸物流中心。(13) 滇中地区主要指以昆明市为中心的云南省中部地区，区域产业规划为打造全国重要的能源、烟草、旅游、文化和商贸物流基地以及涵盖冶金、化工和生物行业的区域性资源深加工基地。(14) 藏中南地区主要指以拉萨为中心的西藏自治区中南部的部分地区，产业规划包括矿产资源、农林畜产品生产加工、藏药产业以及旅游和文化产业。(15) 关中—天水地区，这一区域涉及以西安为中心的陕西省中部的部分地区，以及甘肃省天水市的部分地区。区域功能定位为西部地区的重要经济中心，产业规划涉及高新技术产业和先进制造业，科技教育、商贸和综合性交通行业以及历史文化产业等。（16）兰州—西宁地区，主要包括以兰州为中心的部分甘肃地区和以西宁为中心的部分青海地区，致力于打造全国重要的循环经济示范区，产业规划涉及石化、有色金属、盐化工、新能源和水电以及特色农产品加工产业、区域性生物医药产业和新材料基地，积极打造西北地区的交通枢纽和商贸物流产业。（17）宁夏沿黄经济区，包括以银川为中心、黄河沿岸的部分宁夏区域。产业规划致力于打造全国重要的新材料和能源化工基地，建设清真食品和穆斯林用品以及特色农产品产业加工基地，发展区域性商贸物流。（18）天山北坡地区，主要指新疆天山以北、准噶尔盆地南端的带状区域和伊犁河谷的部分地区等，这一区域的功能定位为中国面向西亚和中亚地区的陆上交通枢纽与门户、全国重要的能源基地。因此，这一区域的产业规划主要涉及商贸和物流、石油天然气化工、煤化工、煤电、机电工业和纺织工业等，同时，加强天山北坡地区的生态涵养等。

这 18 个重点开发区域基于其较强的经济基础和区域优势，通过合理的产业规划和区域城市群发展，可以拓展经济、社会和环境的可持续发展空间，并对全国区域协调发展形成带动效应。

3. 限制开发区域的产业政策

国家层面的限制开发区域，主要涉及两类：一是农产品主产区，二是重点生态功能区。

（1）限制开发的农产品主产区指的是限制进行大规模和高强度工业化与城镇化的农产品主产区。这一区域的产业规划主要以农业为主，通过发挥各农业产区的区域比较优势，集中推进“七区二十三带”（“七区”指东北平原、黄淮海平原等七个农产品主产区，“二十三带”指七区中以小麦、水稻、棉花等农产品为主的二十三个农业产业带）为主体的农产品主产区建设。因此，这一区域的功能定位体现为保障农产品安全供给、保障农民安居乐业、保障农村科学发展。

（2）限制开发的重点生态功能区特指生态系统十分重要的一些区域，其关系全国或较大范围地区的生态安全且目前生态系统出现退化，因而需要限制大规模开发并不断提升生态产品供给能力。目前限制开发的重点生态功能区涉及大小兴安岭森林等 25 个地区，可具体划分为水源涵养型、水土保持型、防风固沙型以及生物多样性维护型，对这类区域的规划旨在保障国家生态安全并促进人与自然和谐发展。表 3－4 呈现了国家重点生态功能区的类型和发展方向。

表 3－4　　国家重点生态功能区的类型和发展方向

区域	类型	综合评价	发展方向
大小兴安岭森林生态功能区	水源涵养	森林覆盖率高，具有完整的寒温带森林生态系统，是松嫩平原和呼伦贝尔草原的生态屏障。目前原始森林受到较严重的破坏，出现不同程度的生态退化现象。	加强天然林保护和植被恢复，大幅度调减木材产量，对生态公益林禁止商业性采伐，植树造林，涵养水源，保护野生动物。
长白山森林生态功能区	水源涵养	拥有温带最完整的山地垂直生态系统，是大量珍稀物种资源的生物基因库。目前森林破坏导致环境改变，威胁多种动植物物种的生存。	禁止非保护性采伐，植树造林，涵养水源，防止水土流失，保护生物多样性。
阿尔泰山地森林草原生态功能区	水源涵养	森林茂密，水资源丰沛，是额尔齐斯河和乌伦古河的发源地，对北疆地区绿洲开发、生态环境保护和经济发展具有较高的生态价值。目前草原超载过牧，草场植被受到严重破坏。	禁止非保护性采伐，合理更新林地。保护天然草原，以草定畜，增加饲草料供给，实施牧民定居。
三江源草原草甸湿地生态功能区	水源涵养	长江、黄河、澜沧江的发源地，有“中华水塔”之称，是全球大江大河、冰川、雪山及高原生物多样性最集中的地区之一，其径流、冰川、冻土、湖泊等构成的整个生态系统对全球气候变化有巨大的调节作用。目前草原退化、湖泊萎缩、鼠害严重，生态系统功能受到严重破坏。	封育草原，治理退化草原，减少载畜量，涵养水源，恢复湿地，实施生态移民。
若尔盖草原湿地生态功能区	水源涵养	位于黄河与长江水系的分水地带，湿地泥炭层深厚，对黄河流域的水源涵养、水文调节和生物多样性维护有重要作用。目前湿地疏干垦殖和过度放牧导致草原退化、沼泽萎缩、水位下降。	停止开垦，禁止过度放牧，恢复草原植被，保持湿地面积，保护珍稀动物。

续前表

区域	类型	综合评价	发展方向
甘南黄河重要水源补给生态功能区	水源涵养	青藏高原东端面积最大的高原沼泽泥炭湿地，在维系黄河流域水资源和生态安全方面有重要作用。目前草原退化沙化严重，森林和湿地面积锐减，水土流失加剧，生态环境恶化。	加强天然林、湿地和高原野生动植物保护，实施退牧还草、退耕还林还草、牧民定居和生态移民。
祁连山冰川与水源涵养生态功能区	水源涵养	冰川储量大，对维系甘肃河西走廊和内蒙古西部绿洲的水源具有重要作用。目前草原退化严重，生态环境恶化，冰川萎缩。	围栏封育天然植被，降低载畜量，涵养水源，防止水土流失，重点加强石羊河流域下游民勤地区的生态保护和综合治理。
南岭山地森林及生物多样性生态功能区	水源涵养	长江流域与珠江流域的分水岭，是湘江、赣江、北江、西江等的重要源头区，有丰富的亚热带植被。目前原始森林植被破坏严重，滑坡、山洪等灾害时有发生。	禁止非保护性采伐，保护和恢复植被，涵养水源，保护珍稀动物。
黄土高原丘陵沟壑水土保持生态功能区	水土保持	黄土堆积深厚、范围广大，土地沙漠化敏感程度高，对黄河中下游生态安全具有重要作用。目前坡面土壤侵蚀和沟道侵蚀严重，侵蚀产沙易淤积河道、水库。	控制开发强度，以小流域为单元综合治理水土流失，建设淤地坝。
大别山水土保持生态功能区	水土保持	淮河中游、长江下游的重要水源补给区，土壤侵蚀敏感程度高。目前山地生态系统退化，水土流失加剧，加大了中下游洪涝灾害发生率。	实施生态移民，降低人口密度，恢复植被。
桂黔滇喀斯特石漠化防治生态功能区	水土保持	属于以岩溶环境为主的特殊生态系统，生态脆弱性极高，土壤一旦流失，生态恢复难度极大。目前生态系统退化问题突出，植被覆盖率低，石漠化面积加大。	封山育林育草，种草养畜，实施生态移民，改变耕作方式。
三峡库区水土保持生态功能区	水土保持	我国最大的水利枢纽工程库区，具有重要的洪水调蓄功能，水环境质量对长江中下游生产生活有重大影响。目前森林植被破坏严重，水土保持功能减弱，土壤侵蚀量和入库泥沙量增大。	巩固移民成果，植树造林，恢复植被，涵养水源，保护生物多样性。

续前表

区域	类型	综合评价	发展方向
塔里木河荒漠化防治生态功能区	防风固沙	南疆主要用水源，对流域绿洲开发和人民生活至关重要，沙漠化和盐渍化敏感程度高。目前水资源过度利用，生态系统退化明显，胡杨木等天然植被退化严重，绿色走廊受到威胁。	合理利用地表水和地下水，调整农牧业结构，加强药材开发管理，禁止过度开垦，恢复天然植被，防止沙化面积扩大。
阿尔金草原荒漠化防治生态功能区	防风固沙	气候极为干旱，地表植被稀少，保存着完整的高原自然生态系统，拥有许多极为珍贵的特有物种，土地沙漠化敏感程度极高。目前鼠害肆虐，土地荒漠化加速，珍稀动植物的生存受到威胁。	控制放牧和旅游区域范围，防范盗猎，减少人类活动干扰。
呼伦贝尔草原草甸生态功能区	防风固沙	以草原草甸为主，产草量高，但土壤质地粗疏，多大风天气，草原生态系统脆弱。目前草原过度开发造成草场沙化严重，鼠虫害频发。	禁止过度开垦、不适当樵采和超载过牧，退牧还草，防治草场退化沙化。
科尔沁草原生态功能区	防风固沙	地处温带半湿润与半干旱过渡带，气候干燥，多大风天气，土地沙漠化敏感程度极高。目前草场退化、盐渍化和土壤贫瘠化严重，为我国北方沙尘暴的主要沙源地，对东北和华北地区生态安全构成威胁。	根据沙化程度采取针对性强的治理措施。
浑善达克沙漠化防治生态功能区	防风固沙	以固定、半固定沙丘为主，干旱频发，多大风天气，是北京乃至华北地区沙尘的主要来源地。目前土地沙化严重，干旱缺水，对华北地区生态安全构成威胁。	采取植物和工程措施，加强综合治理。
阴山北麓草原生态功能区	防风固沙	气候干旱，多大风天气，水资源贫乏，生态环境极为脆弱，风蚀沙化土地比重高。目前草原退化严重，为沙尘暴的主要沙源地，对华北地区生态安全构成威胁。	封育草原，恢复植被，退牧还草，降低人口密度。
川滇森林及生物多样性生态功能区	生物多样性维护	原始森林和野生珍稀动植物资源丰富，是大熊猫、羚牛、金丝猴等重要物种的栖息地，在生物多样性维护方面具有十分重要的意义。目前山地生态环境问题突出，草原超载过牧，生物多样性受到威胁。	保护森林、草原植被，在已明确的保护区域保护生物多样性和多种珍稀动植物基因库。

续前表

区域	类型	综合评价	发展方向
秦巴生物多样性生态功能区	生物多样性维护	包括秦岭、大巴山、神农架等亚热带北部和亚热带—暖温带过渡的地带，生物多样性丰富，是许多珍稀动植物的分布区。目前水土流失和地质灾害问题突出，生物多样性受到威胁。	减少林木采伐，恢复山地植被，保护野生物种。
藏东南高原边缘森林生态功能区	生物多样性维护	主要以分布在海拔 900～2 500 米的亚热带常绿阔叶林为主，山高谷深，天然植被仍处于原始状态，对生态系统保育和森林资源保护具有重要意义。	保护自然生态系统。
藏西北羌塘高原荒漠生态功能区	生物多样性维护	高原荒漠生态系统保存较为完整，拥有藏羚羊、黑颈鹤等珍稀特有物种。目前土地沙化面积扩大，病虫害和融洞滑塌等灾害增多，生物多样性受到威胁。	加强草原草甸保护，严格草畜平衡，防范盗猎，保护野生动物。
三江平原湿地生态功能区	生物多样性维护	原始湿地面积大，湿地生态系统类型多样，在蓄洪防洪、抗旱、调节局部地区气候、维护生物多样性、控制土壤侵蚀等方面具有重要作用。目前湿地面积减小和破碎化，面源污染严重，生物多样性受到威胁。	扩大保护范围，控制农业开发和城市建设强度，改善湿地环境。
武陵山区生物多样性及水土保持生态功能区	生物多样性维护	属于典型亚热带植物分布区，拥有多种珍稀濒危物种。为清江和澧水的发源地，对减少长江泥沙具有重要作用。目前土壤侵蚀较严重，地质灾害较多，生物多样性受到威胁。	扩大天然林保护范围，巩固退耕还林成果，恢复森林植被和生物多样性。
海南岛中部山区热带雨林生态功能区	生物多样性维护	热带雨林、热带季雨林的原生地，我国小区域范围内生物物种十分丰富的地区之一，也是我国最大的热带植物园和最丰富的物种基因库之一。目前由于过度开发，雨林面积大幅减少，生物多样性受到威胁。	加强热带雨林保护，遏制山地生态环境恶化。

资料来源：国务院．全国主体功能区规划［EB/OL］．http://www.gov.cn/zwgk/2011—06/08/content_1879180.htm.

4. 禁止开发区域的产业政策

禁止开发区域立足于重点生态功能区，专指具有代表性的自然生态系统和珍稀濒危野生动物、植物物种的天然集中分布地，以及具有特殊价值的文化遗址和自然遗迹所在地等。国家层面和省级层面的禁止开发区域所指不同，前者包括国家级自然保护区、世界文化自然遗产等五类生态功能区，后者则包括省级及以下的各类自然文化资源保护等禁止开发区域。在禁止开发区域内，严禁进行工业化和城镇化的国土空间开发，实施强制性生态保护措施，严格控制人为因素对区域内自然生态和自然文化遗产完整性、原真性的干扰，严禁有违功能区定位的开发活动，区域内实现人口有序转移，从而有效保护区域内的自然和文化资源以及珍稀动植物基因资源。表3-5呈现了国家禁止开发区域基本情况。

表3-5　　国家禁止开发区域基本情况

类型	个数	面积（万平方公里）	占陆地国土面积比重（%）
国家级自然保护区	319	92.85	9.67
世界文化自然遗产	40	3.72	0.39
国家级风景名胜区	208	10.17	1.06
国家森林公园	738	10.07	1.05
国家地质公园	138	8.56	0.89
合计	1443	120	12.5

注：本表统计结果截至2010年10月31日。总面积中已扣除部分相互重叠的面积。

资料来源：国务院．全国主体功能区规划［EB/OL］．http://www.gov.cn/zwgk/2011-06/08/content_1879180.htm.

三、促进开发布局和经济布局绿色化的成效

通过优化开发布局和经济布局，可以实现提质增效，促进经济社会发展格局的优化，这也是我国发展战略的重要组成部分。党的十八大以来，我国不断提出优化空间布局的新战略和新举措，在促进开发布局和经济布局的绿色化等方面，取得了诸多实效。

（一）促进开发布局绿色化的阶段成效

优化国土空间开发布局是一项长期的、战略性系统工程，有利于最

大程度地优化资源和环境，并推动国家治理体系和治理能力现代化。党的十八大以来一系列国土空间规划举措已经初见成效。

（1）规划更为系统，治理更为科学。2017 年 1 月，国务院颁布了《全国国土规划纲要（2016—2030 年）》。这份规划以 2015 年为规划基期，2020 年为中期目标年，2030 年为远期目标年。在此基础上，明确了不同时期的发展指标。2017 年 10 月，党的十九大报告进一步要求改革生态环境监管体制，其中之一就是构建国土空间开发保护制度，并完善主体功能区配套政策，加强国土空间用途管制制度建设等，从而在制度层面进一步强化了对于国土空间规划的保障。表 3－6 呈现了全国土地规划（2016—2030 年）主要指标。

表 3－6　全国土地规划（2016—2030 年）主要指标

指标名称	2015 年	2020 年	2030 年	属性
1. 耕地保有量（亿亩）	18.65	18.65	18.25	约束性
2. 用水总量（亿立方米）	6 180	6 700	7 000	约束性
3. 森林覆盖率（%）	21.66	>23	>24	预期性
4. 草原综合植被盖度（%）	54	56	60	预期性
5. 湿地面积（亿亩）	8	8	8.3	预期性
6. 国土开发强度（%）	4.02	4.24	4.62	约束性
7. 城镇空间（万平方千米）	8.90	10.21	11.67	预期性
8. 公路与铁路网密度（千米/平方千米）	0.49	≥0.5	≥0.6	预期性
9. 全国七大重点流域水质优良比例（%）	67.5	>70	>75	约束性
10. 重要江河湖泊水功能区水质达标率（%）	70.8	>80	>95	约束性
11. 新增治理水土流失面积（万平方千米）	—	32	94	预期性

资料来源：国务院. 全国国土规划纲要（2016—2030 年）[EB/OL]. http://www.gov.cn/zhengce/content/2017－02/04/content_5165309.htm.

（2）分类分级保护和部门职责统筹更为科学，有利于将国土空间管控工作落到实处。根据中国的基本国情以及《生态文明体制改革总体方案》的基本要求，国土空间规划可以划分为国家、省、市县（市辖区）三个纵向等级。与此同时，按照保护主题和范围等内容对国土进行分类保护。参照《全国国土规划纲要（2016—2030 年）》，按照保护对象（环境质量、人居生态、自然生态、水资源和耕地资源五大类）、保护类别

（修复、维护和保护）、地理范围（十六个地区）以及保护措施（按照领域和类别有所区分）等领域对国土分类和保护进行了系统的规划和统筹安排，具体可参见表3－7。

表3－7　　国土分类分级保护

保护主题	保护类别	范围	保护措施
环境质量	环境质量与人居生态修复区	环渤海、长江三角洲、珠江三角洲等地区	加强水环境、大气环境、土壤重金属污染治理，科学推进河湖水系联通，构建多功能复合城市绿色空间。
	环境质量与水资源维护区	呼包鄂榆、兰州—西宁、天山北坡等地区	加强大气环境和水环境治理，调整产业结构，严格用水总量控制。
	环境质量与优质耕地维护区	哈长、冀中南、晋中、关中—天水、皖江、长株潭、成渝、东陇海等地区	强化水环境、大气环境和土壤环境治理；加强优质耕地保护与高标准农田建设。
	环境质量维护区	黄河龙门至三门峡流域陕西段、山西段，贵州西部、云南北部等地区	改善区域水环境质量，提高防范地震和突发地质灾害的能力。
人居生态	人居生态与优质耕地维护区	武汉都市圈、环鄱阳湖、海峡西岸、北部湾等地区	保护城市绿地和湿地系统，治理河湖水生态环境，科学推进河湖水系联通，保护优质耕地。
	人居生态与环境质量维护区	滇中、黔中地区	加强滇池流域湖体水体污染综合防治，开展重金属污染防治和石漠化治理。
	人居生态维护区	藏中南地区	加强草原和流域保护，构建以自然保护区为主体的生态保护格局。
自然生态	水源涵养保护区	阿尔泰山地、长白山、祁连山、大小兴安岭、若尔盖草原、甘南地区、三江源地区、南岭山地、淮河源、珠江源、京津水源地、丹江口库区、赣江—闽江源、天山等地区	维护或重建湿地、森林、草原等生态系统；开展生态清洁小流域建设，加强大江大河源头及上游地区的小流域治理和植树造林种草。

续前表

保护主题	保护类别	范围	保护措施
自然生态	防风固沙保护区	呼伦贝尔草原、塔里木河流域、科尔沁草原、浑善达克沙地、阴山北麓、阿尔金草原、毛乌素沙地、黑河中下游等地区	加大退耕还林还草、退牧还草力度，保护沙区湿地，对主要沙尘源区、沙尘暴频发区，加大防沙治沙力度，实行禁牧休牧和封禁保护管理。
	水土保持保护区	桂黔滇石漠化地区、黄土高原、大别山山区、三峡库区、太行山地、川滇干热河谷等地区	加强水土流失预防，限制陡坡垦殖和超载过牧，加强小流域综合治理，加大石漠化治理和矿山环境整治修复力度。
	生物多样性保护区	藏西北羌塘高原、三江平原、武陵山区、川滇山区、海南岛中部山区、藏东南高原边缘地区、秦巴山区、辽河三角洲湿地、黄河三角洲、苏北滩涂湿地、桂西南山地等地区	保护自然生态系统与重要物种栖息地，防止开发建设破坏栖息环境。
	自然生态保护区	新疆塔克拉玛干沙漠、古尔班通古特沙漠，青海柴达木盆地，内蒙古巴丹吉林沙漠、腾格里沙漠、乌兰布和沙漠，藏北高原，青藏高原南部山地等地区	减少人类活动对区域生态环境的扰动，促进生态系统的自我恢复；推进防沙治沙。
	自然生态维护区	青藏高原南部、淮河中下游湿地、安徽沿江湿地、鄱阳湖湿地、长江荆江段湿地、洞庭湖区等地区	限制高强度开发建设，减少人类活动干扰；植树种草，退耕还林还草；保护湿地生态系统，退田还湖，增强调蓄能力。
水资源	水资源与优质耕地维护区	海河平原、淮北平原、山东半岛等地区	合理配置水资源，加强地下水超采治理，提高水资源利用效率，改善区域水环境质量；加强基本农田建设与保护。
	水资源短缺修复区	内蒙古西部、嫩江江桥以下流域、沿渤海西部诸河流域、新疆哈密等地区	严格控制水资源开发强度，加强地下水超采治理，加强水资源节约集约利用，降低水资源损耗。

续前表

保护主题	保护类别	范围	保护措施
耕地资源	优质耕地保护区	松嫩平原、辽河平原、黄泛平原、长江中下游平原、四川盆地、关中平原、河西走廊、吐鲁番盆地、西双版纳山间河谷盆地等地区	大力发展节水农业，控制非农建设占用耕地，加强耕地和基本农田质量建设。

资料来源：国务院．全国国土规划纲要（2016—2030 年）［EB/OL］．http://www.gov.cn/zhengce/content/2017－02/04/content_5165309.htm.

（3）部门设置更为科学，国土空间规划更加有序。在优化国土空间布局的过程中，更加注意整合部门及其职责，同时注意发挥社会合力。通过部制改革、部门责任整合等手段，将分散在各部门的相关管控职责，逐步统一到一个部门，统一行使每个部门的国土空间规划和管制职责等。2018 年 3 月，《国务院机构改革方案》出台。其中国务院组成部门调整中，前两条即为组建自然资源部和生态环境部。在组建自然资源部的方案中，将国土资源部的职责、国家发展和改革委员会涉及组织编制主体功能区规划职责、住房和城乡建设部所负的城乡规划管理职责、水利部原来所负的水资源调查和确权登记管理职责、农业部所负的草原资源调查和确权登记管理职责、国家林业局的森林及湿地等资源调查与确权登记管理职责，以及国家海洋局的职责和国家测绘地理信息局的职责整合，组建了自然资源部，作为国务院的组成部门。在组建生态环境部的方案中，将环境保护部的职责、国家发展和改革委员会所负的应对气候变化和减排职责、国土资源部所负的监督防止地下水污染职责，以及水利部原有的编制水功能区划及排污口设置管理和流域水环境保护的职责，农业部所负监督指导农业面源污染治理的职责、国家海洋局海洋环境保护的职责，以及国务院南水北调工程建设委员会办公室原有的南水北调工程项目区的环境保护职责进行了整合，组建生态环境部，作为国务院的组成部门。通过这轮部制改革，一方面，将原来分散在不同部门、涉及同一领域的有关事务进行合并，强化了对国土空间规划和生态环境治理的能力；另一方面，将原来一个部门内涉及规划和决策、执行和实施、监管和问责的不同职能进行了拆分，这样，有利于实现部门间不同职能的相互制约，从而大大提升了两大部门对于国土规划和生态环境的管理水平。与此同时，《全国国土规划纲要（2016—2030 年）》对国土规划工作的具体实施提出了一些要求，即必须构建政府主导、社会协同、公众参与的工作机制，同时要加大投入力度并完善多元化投入机制，开展综合整治重大工程，从而修复国土功能，增强国土开发利用以及资源环境承载力之间的匹配程度，提高国土开发利用的效率与质量。相关改革情况请参见表 3－8 和表 3－9。

表 3－8　　2018 年 3 月国务院机构改革中自然资源部所整合职责

自然资源部	对外保留国家海洋局牌子
国土资源部	原有职责
国家发展和改革委员会	组织编制主体功能区规划职责
住房和城乡建设部	城乡规划管理职责
水利部	水资源调查和确权登记管理职责
农业部	草原资源调查和确权登记管理职责
国家林业局	森林、湿地等资源调查和确权登记管理职责
国家海洋局	原有职责
国家测绘地理信息局	原有职责

资料来源：国务院机构改革方案［EB/OL］. http://www.gov.cn/xinwen/2018－03/17/content_5275116.htm.

表 3－9　　2018 年 3 月国务院机构改革中生态环境部所整合职责

生态环境部	对外保留国家核安全局的牌子
环境保护部	原有职责
国家发展和改革委员会	应对气候变化和减排职责
国土资源部	监督防止地下水污染职责
水利部	编制水功能区划、排污口设置管理、流域水环境保护职责
农业部	监督指导农业面源污染治理职责
国家海洋局	海洋环境保护职责
国务院南水北调工程建设委员会办公室	南水北调工程项目区环境保护职责

资料来源：国务院机构改革方案［EB/OL］. http://www.gov.cn/xinwen/2018－03/17/content_5275116.htm.

（二）促进经济布局绿色化的阶段成效

协调发展和绿色发展既是一种发展理念，也是一种发展举措。近年来，中国通过对国土空间进行科学定位、对区域流域产业进行有效规划、推进传统产业的优化升级、打造绿色循环低碳产业体系等一系列举措，已经产生了阶段性实效。

（1）大气污染治理初见成效。区域经济布局的合理规划，有利于推动环境治理能力的提升。以京津冀地区为例，2015 年 12 月，京津冀三地环保厅（局）正式签署了《京津冀区域环境保护率先突破合作框架协议》。协议以大气、水、土壤污染为主要防治目标，同时联合立法，统一规划、标准、检测，协同治污等，实现联防联控，旨在提升及改善京津冀区域生态环境质量，同时力图为全国其他类似区域提供示范与借鉴。根据“十三五”规划对于环境空气质量约束性指标要求，至 2020 年，北京市 PM2.5 浓度需比 2015 年下降 30%，从 81 微克/立方米下降到 56 微克/立方米。2018 年，北京市 PM2.5 浓度已降为 51 微克/立方米，同比下降 12.1%，比 2015 年下降 37%，大幅超额完成“十三五”目标。疏解非首都功能、京津冀及周边大气治理攻坚行动和联防联控等起到了重要作用。

（2）生态环境保护效果显著。依托主体功能区的设定和区域经济布局的合理规划，大大提升了区域的整体生态环境保护水平。以长江经济带为例，长江经济带 11 省市自 2016 年以来，召开生态环境保护会议 152 次，制定或修改相关制度达 293 项，开展相关专项行动 665 次，查处包括非法倾倒、偷排偷放、乱占滥用以及乱砍滥伐等违法案件共计 9.78 万件，较好地遏制了生态环境破坏行为。与此同时，11 省污水及垃圾处理能力近两年分别提升 8%和 11%。水、大气等污染治理部分阶段性工作任务完成情况较好，省级及以上工业集聚区大约 90%已建成污水集中处理设施。2017 年，11 省的化学需氧量、氨氮、二氧化硫以及氮氧化物等主要污染物排放总量分别比上年减少 2.97%、4%、9.24%和 3.97%；国家地表水的环境质量监测考核断面的水质优良率约为

73.9%，比2017年提高6%，劣Ⅴ类水质断面（3%）比2017年下降约0.3%[①]。

（3）经济结构日趋合理。区域经济布局的调整，有利于优化经济结构。以珠三角地区为例，2017年，广东省全省地区生产总值为89 879.23亿元，三次产业结构比重为4.2∶43.0∶52.8；第三产业增加值47 488.28亿元，比上年增长8.6%。在现代产业中，先进制造业增加值为17 597.00亿元，增长10.3%，占比规模以上工业增加值53.2%；高技术制造业增加值9 516.92亿元，增长13.2%，占比规模以上工业增加值28.8%。优势传统产业增加值增长6.1%，其中涉及能耗行业均有所下降，如石油加工、炼焦和核燃料加工业下降3.4%。生产性服务业增加值24 344.75亿元，增长8.8%；现代服务业增加值29 709.97亿元，增长9.8%[②]。通过统筹区域经济布局，科学提升了区域的整体经济效益和社会发展水平。

由此可见，立足于国土空间定位和区域流域产业布局，其经济、环境和社会收益正在逐步显现。不仅有效带动了区域和城乡的协调发展，而且大大改善了生态环境质量，提升了人民生活水平，推动整个社会走上生产发展、生活富裕、生态良好的文明发展之路。

第5节　促进产业结构和生产方式绿色化

不可持续的产业结构和生产方式是造成当前生态环境恶化的根本原因之一。因此，“从根本上缓解经济发展与资源环境之间的矛盾，必须构建科技含量高、资源消耗低、环境污染少的产业结构，加快推动生产

① 审计署. 2018年第3号公告：长江经济带生态环境保护审计结果［EB/OL］. http://www.audit.gov.cn/n4/n19/c123511/content.html.

② 广东省统计局，国家统计局广东调查总队. 2017年广东国民经济和社会发展统计公报［EB/OL］. http://www.gdstats.gov.cn/tjzl/tjgb/201803/t20180302_381919.html.

方式绿色化，大幅提高经济绿色化程度，有效降低发展的资源环境代价”①。2015 年，习近平总书记在同华东 7 省市党委主要负责同志座谈时，强调产业结构的优化升级是提高我国经济综合竞争力的关键性举措。要着力培育战略性新兴产业，大力发展服务业尤其是现代服务业，从而打造现代产业新体系。通过大力提升经济发展的绿色化程度，加快发展各类绿色产业，不断提升我国经济的整体竞争力。

一、促进产业结构和生产方式绿色化的根据

党的十八大以来，我国在经济社会发展进程中不断贯彻新发展理念，发展的质量和效益都在稳步提升。“十三五”时期，经济发展进入新常态成为我国经济发展的显著特征。新常态既是基于对国际经济发展周期性变化的客观分析，也是对我国发展的阶段性特征的科学判断，是符合国情和经济发展趋势的战略判断。在新常态下，要求我国的产业结构和生产方式走向绿色化，这一方面是推进生态文明建设的根本要求，另一方面也是提升我国经济整体竞争力的必然选择。

第一，促进产业结构和生产方式绿色化，是推进社会主义生态文明建设的题中之义。当前全球的生态环境问题，归根结底是由资源开发和利用的方式，即生产方式和生活方式不科学造成的。生态文明要求坚持人与自然和谐共生、实现经济增长与资源环境相协调。因此，推进社会主义生态文明建设要求坚持人与自然和谐共生，将绿色发展、循环发展和低碳发展作为基本途径，形成节约资源和保护环境的空间开发格局、产业结构和生产方式。“我们强调推动形成绿色发展方式和生活方式，就是要坚持节约资源和保护环境的基本国策，坚持节约优先、保护优先、自然恢复为主的方针，形成节约资源和保护环境的空间格局、产业结构、生产方式、生活方式，为人民创造良好生产生活环境。”② 可见，

---

① 中共中央 国务院关于加快推进生态文明建设的意见［N］. 人民日报，2015-05-06（1）.

② 中共中央文献研究室. 习近平关于社会主义生态文明建设论述摘编［M］. 北京：中央文献出版社，2017：35-36.

绿色发展要求促进产业结构和生产方式走向绿色化，在发展的同时减少环境污染和生态破坏，实现人与自然和谐共生。

第二，促进产业结构和生产方式绿色化，是提升经济发展质量、增强经济竞争力的必然要求。2015 年，《中共中央 国务院关于加快推进生态文明建设的意见》要求提高发展的质量和效益，加快推进产业结构和生产方式的绿色化。改革开放以来，经过多年发展，中国上升为世界第二大经济体，在经济发展和社会进步方面取得了巨大成就，全世界有目共睹。但是，在发展中存在的不平衡、不协调和不可持续的问题仍然突出。“我国多年形成的产业结构具有高能耗、高碳排放特征，高能耗工业特别是重化工业比重偏高。工业用能占全社会用能的百分之七十，其中钢铁、建材、石化、有色、化工等五大耗能产业就占近百分之五十。改变这种状况，并非一日之功，但必须加大力度、加快进度。”① 因此，必须“加快转变经济发展方式。根本改善生态环境状况，必须改变过多依赖增加物质资源消耗、过多依赖规模粗放扩张、过多依赖高能耗高排放产业的发展模式。这是供给侧结构性改革的重要任务”②。2015 年我国的第三产业增加值超越第二产业，标志着我国服务业能力的提升；但是，如何深入打造现代服务业、深化绿色发展、深入变革经济结构，仍然是巨大的挑战。唯有以创新为驱动，积极推进产业结构和生产方式走向绿色化，才能提升我国经济发展质量，增强我国经济的竞争力，适应全球经济变革大潮流。

第三，促进产业结构和生产方式绿色化，是为人民提供更优质生态产品的根本保障。随着中国特色社会主义进入新时代，中国社会的主要矛盾发生了转变，“人民群众对清新空气、清澈水质、清洁环境等生态产品的需求越来越迫切，生态环境越来越珍贵。我们必须顺应人民群众对良好生态环境的期待，推动形成绿色低碳循环发展新方式，并从中创造新的增长点”③。生产方式的绿色化、产业结构的绿色化，有利于不断改善生态环

---

①② 中共中央文献研究室. 习近平关于社会主义生态文明建设论述摘编［M］. 北京：中央文献出版社，2017：38.

③ 同①25.

境质量、提升经济的绿色供给能力，推动实现人民富裕、国家富强和中国美丽，从而为保障人民生态权益、满足人民生态需要做出贡献。

总之，促进产业结构和生产方式绿色化具有重大的意义和价值。

二、促进产业结构和生产方式绿色化的举措

实现产业结构和生产方式的绿色化，需要多头并举，协同推进。一方面，“调整产业结构，一手要坚定不移抓化解过剩产能，一手要大力发展低能耗的先进制造业、高新技术产业、现代服务业。这两手都要坚定不移，下决心把推动发展的立足点转到提高质量和效益上来，把发展的基点放到创新上来，塑造更多依靠创新驱动、更多发挥先发优势的引领型发展”①。另一方面，加强整体规划和方案制定、加强法治建设和标准化体系建设等，为产业结构和生产方式绿色化提供指导和保障。在此基础上，通过大力发展战略性新兴企业、加强绿色技术创新、打造行业低碳行动等多条路径，整体促进产业结构和生产方式不断走向绿色化。

（一）调整高能耗行业去能耗、去产能

近年来，中国的煤炭消费量占能源总消费量的比重呈显著下降趋势，清洁能源包括天然气、水电、风电、核电等消费量不断上升。在政策的引导下，市场也实现了负反馈。近年来，中国的高耗能行业投资增长速度明显放缓，产能严重过剩行业的投资呈现负增长。在此基础上，中国不断加强政策引领、强化目标约束，推动节能政策的制定。2016年，受国务院委托，国家发展改革委连同有关部门对于各地省级人民政府“十二五”期间节能目标责任进行了评价考核。2016 年 12 月，国家发展改革委、科技部、工业和信息化部、财政部以及住房和城乡建设部等 12 个部门联合印发了《“十三五”全民节能行动计划》，其中提出了包括实施节能产品推广行动、重点用能单位能效提升行动、工业能效赶

① 中共中央文献研究室. 习近平关于社会主义生态文明建设论述摘编 [M]. 北京：中央文献出版社，2017：38.

超行动、建筑能效提升行动等十大节能行动，全面推进各领域的节能工作；目标是确保“十三五”单位国内生产总值能耗降低15%，2020年能源消耗总量控制在50亿吨标准煤以内。

（二）加强整体规划，培育战略性新兴产业

2010年，国务院发布《关于加快培育和发展战略性新兴产业的决定》。所谓战略性新兴产业，就是以重大技术突破以及重大发展需求为基础的、对国民经济社会发展全局及其长远发展具有重大引领带动作用的产业；战略性新兴产业的主要特点为知识技术密集、物质和资源消耗较少、成长潜力巨大且综合效益良好的新兴产业。当年国家层面制定了一系列政策措施，推动战略性新兴产业建设实现良好开局。2011年，中央财政专门设立了战略性新兴产业发展专项基金，截至当年年底，全国共计24个省市设立了战略性新兴产业专项基金。2012年，国务院通过《“十二五”国家战略性新兴产业发展规划》，其中明确指出要发展战略性新兴产业。这一规划要求加强宏观指导和统筹规划，加强政策支持，完善体制机制，推进中国战略性新兴产业快速和健康发展。战略性新兴产业包括节能环保产业、新一代信息技术产业、生物产业、高端装备制造产业、新能源产业、新材料产业以及新能源汽车产业等七大产业。《“十二五”国家战略性新兴产业发展规划》强调不仅要积极发展高效节能、先进环保产业装备和产品，还要加强推动资源节约和循环利用的装备和产品建设，推行清洁生产以及低碳技术，并尽快形成支柱产业。当前，中国的供给侧结构性改革已经进入了深水区，供给侧结构性改革主要涉及三个方面，即产能过剩、楼市库存大和债务高企，因此，推行“三去一降一补”（去产能、去库存、去杠杆、降成本、补短板）的政策成为解决这一问题并推行改革的重点。在这样的大背景下，发展战略性新兴产业具有非常好的政策环境和市场环境，可以有力地推动经济社会实现可持续发展。

在前期发展势头良好的基础上，2013年，国务院印发《关于加快发展节能环保产业的意见》，要求加快发展节能环保产业，促进产业技术

水平显著提升；引入社会资金投入节能环保工程建设；推广节能环保产品并扩大市场的消费需求；加强节能环保技术创新，提高产业市场竞争力。2016 年 11 月，国务院印发《“十三五”国家战略性新兴产业发展规划》，强调要建立资源节约型、环境友好型社会，需要推动全面节约能源并支持节能服务产业做大做强；同时，积极推进水、大气和土壤污染防治计划，大力发展环保装备产业并积极推广应用先进的环保产品，推动环境服务产业的普遍发展并全面增强环保产业的发展能力。目标是到 2020 年，高效节能产业的产值规模可以达到 3 万亿元；先进环保产业的产业规模可以超过 2 万亿元。2016 年 11 月，国务院印发《“十三五”生态环境保护规划》，对“十三五”时期的生态环境保护主要指标进行了明确规划，并要求推动低碳循环、治污减排和监测监控等领域的核心环保技术工艺、产品、装备设备以及材料药剂的研发和产业化，鼓励节能环保相关产业的发展。2016 年 12 月，国家发展改革委、科技部、工业和信息化部以及环境保护部四部委联合下发了《“十三五”节能环保产业发展规划》，进一步对该产业的发展进行了整体规划，从而进一步推动经济社会的绿色转型。

（三）积极推进清洁生产，促进生产方式绿色化

在清洁生产领域，国务院各部门根据各自指导领域，下发了一系列规划和政策指导文件。2011 年 12 月，国务院印发了《国家环境保护“十二五”规划》，对“十二五”时期环境保护提出了严格的指标规划，并且要求推进主要污染物减排，大力推行清洁生产并发展循环经济。严格提高造纸、印染、化工、建材、冶金、有色及制革等行业的污染排放物指标以及清洁生产评价指标，并鼓励各个地方更加严格地制定污染物排放标准。国务院在 2011 年 12 月还印发了《工业转型升级规划（2011—2015 年）》，强调在工业生产中要健全激励和约束机制，推进清洁生产，带动重点行业的清洁水平实现大幅提升。2012 年 1 月，工业和信息化部、科技部和财政部共同制定了《工业清洁生产推行“十二五”规划》，强调通过加大财政资金的支持力度、完善标准体系和政策机制

的建设以及加强基础能力建设等，推动“十二五”期间工业领域清洁生产机制的进一步完善和健全、清洁生产服务体系更加完善，为中国全面建立清洁生产方式打下坚实的基础。2016 年 6 月，工业和信息化部印发了《工业绿色发展规划（2016—2020 年）》，强调到 2020 年，先进适用的清洁生产技术工业和清洁生产装备将基本实现普及化，钢铁、水泥和造纸等重点行业的清洁生产水平将显著提升，工业二氧化硫、氮氧化物以及排放量等实现明显下降，高风险污染物排放也将实现大幅度削减。届时，中国的工业绿色推进机制将基本形成，工业绿色发展整体水平显著提升。

（四）大力发展服务业，不断优化经济结构

产业结构调整的重点之一即为大力发展低能耗的现代服务业。2006 年，《中华人民共和国国民经济和社会发展第十一个五年规划纲要（2006—2010 年）》明确提出，要立足优化产业结构实现经济社会发展，把调整经济结构作为未来五年的发展主线，促使全国的经济增长由原来的主要依靠工业带动和数量扩张带动，向三次产业协同带动以及结构优化升级带动进行转变。2011 年，《中华人民共和国国民经济和社会发展第十二个五年规划纲要（2011—2015 年）》对于中国的经济结构调整做出了进一步的远景规划，提出 2011 年至 2015 年，要推动服务业比重提高，经济增长的科技含量也要提高，单位国内生产总值的能源消耗和二氧化碳的排放水平要大幅度下降，主要污染物排放总量需要显著减少，生态环境质量得到明显改善。2014 年，习近平主席在出席 APEC 峰会时谈道，经济结构实现不断优化是中国经济呈现新常态的重要特点之一。同年 12 月，他在江苏调研时又强调，要把经济发展抓好，关键还是要转方式和调结构，推动产业结构加快由中低端向中高端迈进。通过政策引导、市场调节和公众的积极反馈，目前中国的经济已经开始呈现出结构更优、质量更好的发展特点。

（五）加强法律和制度建设，促进绿色发展走向法制化、标准化

节能标准、环保标准等方面的立法为促进产业结构和生产方式的绿

色化形成了有效的法制保障。“十二五”规划以来，国家发展和改革委员会连同中国国家标准化管理委员会共同启动了两期“百项能效标准推进工程”，前后批准发布了 206 项涉及能效、节能和能耗限额的基础标准。2015 年 4 月，国务院办公厅印发《关于加强节能标准化工作的意见》，要求健全节能标准体系，强化节能标准的实施与监督工作，为社会主义生态文明建设打下坚实基础。截至 2016 年底，中国已经发布并实施强制性能效标准共计 73 项、强制性能耗限额标准 104 项以及推荐性节能国家标准 150 多项。这一系列标准化工作为化解产能过剩、实现节约能效、优化产业结构起到了重要作用。环境标准是一国环境保护法规的重要组成部分，中国现行国家环境质量标准 16 项，基本覆盖了土壤、水、空气、声与震动以及核与辐射等主体环境要素。现行国家级污染物排放（控制）标准共计 163 项，其中水污染排放标准 64 项，控制项目共计 158 项；大气污染物排放标准 75 项，控制项目共计 120 项。节能环保领域的法律法规也在不断强化。2016 年 7 月，全国人大常委会修改并通过六部法律，其中三部均与节能和环保领域相关，即《中华人民共和国节约能源法》、《中华人民共和国环境影响评价法》和《中华人民共和国水法》，这些法律从法制层面为节能环保产业的发展提供了坚实保障。

清洁产业领域的法规和政策相对较多。截至 2010 年 3 月，国家层面涉及清洁生产的相关法规和文件包括《中华人民共和国清洁生产促进法》、《清洁生产审核暂行办法》、《关于加快推行清洁生产的意见》、《工业和信息化部关于加强工业和通信业清洁生产促进工作的通知》、《财政部、工业和信息化部关于印发〈中央财政清洁生产专项资金管理暂行办法〉的通知》以及一个地方性指导意见——《工业和信息化部关于太湖流域加快推行清洁生产的指导意见》。在地方层面上，包括北京、上海、天津、江苏、内蒙古等省区市下发的有关清洁生产的指导意见、实施办法、行动纲要等各类政策就已多达 74 个。2012 年，针对市场和行业发展的变化，全国人民代表大会常务委员会对《中华人民共和国清洁生产促进法》进行了审议和修改，整体上实现了对清洁生产的规划、负责部门、资金统筹与审核等多方面的修改和完善。2016 年 7 月，国家发展和改革委员会及环境保护部共同发布了《清洁生产审核办法》，通过这一新的审核办法，针对生产和服务过程中的行业行为，致力于识别行业能耗高、物耗高以及污染重的原因，并制定有利于降低能耗、物耗和减少废物及毒害废料的方案，选定并实施经济可行、环境友好的清洁生产方案。

在清洁能源领域，近年来中国逐步形成了以《可再生能源法》为主、辅以相关配套法律法规的可再生能源法律法规体系，基本实现清洁能源的开发利用和监督管理的有法可依。在国家层面上，2015 年，全国人大常委会修订了《大气污染防治法》，涉及大气污染防治的标准和规划以及监督管理等，在第四章有关大气污染防治措施中，要求国务院各部门以及地方各级政府应采取措施调整能源结构并推广清洁能源的生产和使用，推广煤炭的清洁高效利用并逐步降低煤炭在一次能源消费中的比重，鼓励和支持洁净煤技术的开发与推广等，从法律层面支撑清洁能源的发展和利用。2013 年以来，国家能源局陆续出台了《关于促进地热能开发利用的指导意见》、《关于调整可再生能源电价附加标准与环保电价有关事项的通知》、《关于做好可再生能源发展“十三五”规划编制工作的指导意见》以及《光伏电站项目管理暂行办法》等规范性文件，为清洁能源的规划编制、开发利用与监督管理提供了规划指导。

（六）打造行业低碳行动，助力清洁环保产业建设

通过开展行业低碳行动，既能够实现传统产业的绿色升级，也能够促进清洁产业和环保产业的发展。近年来，工业领域、建筑领域和交通运输领域都开展了绿色低碳行动，有力地促进了清洁产业和环保产业的培育和发展。2016 年 6 月，工业和信息化部印发了《工业绿色发展规划（2016—2020 年）》。这一文件要求通过政策的引导和市场的推动，引领新兴产业实现高起点的绿色发展；通过强化绿色设计不断加快开发绿色产品；同时，大力发展节能环保产业，旨在推进生态文明建设，促进工业实现绿色发展。同年，工业和信息化部还印发了《绿色制造 2016 专

项行动实施方案》，明确要求在“十三五”期间，要强化产品全生命周期绿色管理，开发绿色产品、建设绿色工厂、建设绿色工业园区，同时打造绿色供应链，全面推进绿色制造体系建设。通过进一步提升部分行业的清洁生产水平，构造绿色制造体系，助力绿色发展。表 3－10 呈现了“十三五”时期工业绿色发展主要指标。

表 3－10　　“十三五”时期工业绿色发展主要指标

指标	2015 年	2020 年	累计降速
(1) 规模以上企业单位工业增加值能耗下降（%）	—	—	18
吨钢综合能耗（千克标准煤）	572	560	
水泥熟料综合能耗（千克标准煤/吨）	112	105	
电解铝液交流电耗（千瓦时/吨）	13 350	13 200	
炼油综合能耗（千克标准油/吨）	65	63	
乙烯综合能耗（千克标准煤/吨）	816	790	
合成氨综合能耗（千克标准煤/吨）	1 331	1 300	
纸及纸板综合能耗（千克标准煤/吨）	530	480	
(2) 单位工业增加值二氧化碳排放下降（%）	—	—	22
(3) 单位工业增加值用水量下降（%）	—	—	23
(4) 重点行业主要污染物排放强度下降（%）	—	—	20
(5) 工业固体废物综合利用率（%）	65	73	
其中：尾矿（%）	22	25	
煤矸石（%）	68	71	
工业副产石膏（%）	47	60	
钢铁冶炼渣（%）	79	95	
赤泥（%）	4	10	
(6) 主要再生资源回收利用量（亿吨）	2.2	3.5	
其中：再生有色金属（万吨）	1 235	1 800	
废钢铁（万吨）	8 330	15 000	
废弃电器电子产品（亿台）	4	6.9	
废塑料（国内）（万吨）	1 800	2 300	
废旧轮胎（万吨）	550	850	
(7) 绿色低碳能源占工业能源消费量比重（%）	12	15	
(8) 六大高耗能行业占工业增加值比重（%）	27.8	25	
(9) 绿色制造产业产值（万亿元）	5.3	10	

注：本专栏均为指导性指标，大多为全国平均值，各地区可结合实际设置目标。

资料来源：工业和信息化部. 工业绿色发展规划（2016—2020 年）[EB/OL]. http://www.miit.gov.cn/n1146285/n1146352/n3054355/n3057267/n3057272/c5118197/part/5118220.pdf.

建筑行业因为在节能方面具有一定的稳定性，因此成为节约能源、提高能效的重点领域之一。目前，中国的存量建筑达到500多亿平方米，每年新建建筑大约可达20亿平方米，建筑能耗在中国的能源消费中所占比重不断上升。因此，“去库存”也成为供给侧结构改革的重点任务之一。加强建筑领域的能耗控制、提升该领域的节能标准，对于完善经济发展结构、促进节能减排等具有重要意义。因此，近年来，中国非常注重建筑领域的节能工作。2017年4月，住房和城乡建设部印发了《建筑业发展“十三五”规划》，要求建筑业“十三五”期间实现低碳和环保发展。通过推广建筑节能技术、使用绿色材料和绿色工艺，提高建筑节能水平，实现绿色建筑规模化发展。其目标是“十三五”期间，新建城镇民用建筑能够全部达到节能标准要求，其能效水平较2015年提升20个百分点；通过推广绿色建筑，大力发展低碳生态城市，打造绿色生态城区，到2020年，城镇绿色建筑占城镇新建建筑的比重至50%，绿色建筑材料的应用比例达到40%。

2017年4月，交通运输部发布《推进交通运输生态文明建设实施方案》。旨在通过优化交通运输结构、加强交通基础设施污染防治和生态保护、提升交通运输行业清洁水平、建立健全绿色交通发展制度和标准体系，以及支持交通运输行业节能减排和生态环保等方面的新技术、新工艺、新材料和新产品的研发与应用等措施，促进交通运输行业实现清洁发展和环保发展。2017年6月，国家发展改革委连同工业和信息化部共同发布了《关于完善汽车投资项目管理的意见》，要求优化传统燃油汽车产能布局，严格控制新增传统燃油汽车产能；同时，大力推动新能源汽车产业的发展，包括鼓励京津冀等大气污染防治重点区域发展和使用新能源汽车、推动污染治理等。

除了建筑、交通和汽车等行业以外，目前，中国在能源、冶金、建材、有色、化工、电镀、造纸、印染以及农副食品加工等行业，也开始全面推进清洁生产改造或清洁化改造。在政府引导规划、市场良性运行的基础上，通过逐渐改变不合理的产业结构，可以不断促进整个经济实现绿色、循环、低碳发展。

三、促进产业结构和生产方式绿色化的成效

党的十八大以来，我国加大生态文明建设力度。通过政策调整、技术改造、产业结构的升级换代，不断打造科技含量高、资源消耗低、环境污染少的产业结构和生产方式，并在各个领域取得了一定的发展成效，不断实现绿色增长。

（一）产业结构更加优化

经过“十二五”时期的努力，中国在调整经济结构以实现绿色发展方面，取得了显著成效。在实际经济运行中，绿色发展的理念直接反映到了经济投资领域。近几年来，在投资结构中，明显呈现出第三产业投资和高技术产业投资的快速增长。2013—2015年，第二产业投资每年平均增长12.5%，占比全部投资的41.4%，较2012年下降了1.8%；第三产业投资每年平均增长15.9%，占比全部投资的56.2%，较2012年提高了1.3%；第三产业投资的增长速度较第二产业多出3.4%，这直接反映了经济结构的大力转型。

当前，中国的服务业投资已经成为拉动投资增长的主要动力。在国家一系列政策的支持和市场投资的积极带动下，2013年，中国的第二产业增加值的比重为43.9%，第三产业增加值占GDP比重首次超过第二产业，占比46.1%；2014年，第三产业增加值的比重增至48.2%；2015年第三产业增加值的比重为50.5%，首次突破了50%。2016年以来，中国服务业得到了较快发展，对于国民经济的贡献率持续上升。商务部商贸服务类典型企业统计数据估算，2015年，中国居民生活服务业营业收入约为5.2万亿元，较2014年增长12.6%，增速高于国内生产总值。

2016年12月，商务部印发《居民生活服务业发展“十三五”规划》，提出到2020年，初步形成优质安全、便利实惠、城乡协调、绿色环保的城乡居民生活服务体系，更好地适应人民群众大众化、多元化、优质化的消费需求。当前，中国的分享经济已经在交通、物流和家政等

领域持续繁荣发展。2017 年 2 月，国家信息中心发布了《中国分享经济报告 2017》。该报告指出，2016 年中国分享经济市场交易额大约为 34 520 亿元。2016 年，第三产业增加值为 384 221 亿元；2017 年，第三产业增加值为 427 032 亿元；2016 年和 2017 年第三产业增加值占比均为 51.6%。服务业在三次产业中连续五年处于领跑状态，产业结构持续优化。这些数据都体现了当前中国服务业的蓬勃发展态势。

（二）生产方式绿色化成效显著

推进生态文明建设、构建绿色制造体系，是加快推进生产方式绿色化的必由之路。通过积极培育节能环保等战略性新兴产业，我国不断提升绿色产品供给能力，有效降低了经济发展的资源环境代价。

节能环保作为战略性新兴产业之一，目前具有良好的发展态势。建筑行业节能的成效十分显著。截至 2014 年底，中国城镇累计建成的节能建筑面积达 105 亿平方米，约占全国城镇民用建筑面积的 38%，每年可节约 1 亿吨标准煤。截至 2015 年 6 月，全国已有 3 241 幢建筑物获得绿色建筑标志，总面积超过 3.7 亿平方米。与此同时，政府不断加强财政补贴、完善改革思路，促进市场积极发展。以汽车行业为例，近年来不断优化传统燃油汽车产能布局并大力推动新能源汽车行业有序发展。2016 年，中国的新能源汽车产量达 51.7 万辆，销量达 50.7 万辆；与此同时，在基础设施、研发环节、运营环节以及消费等环节，财政全年投入补贴和奖励资金达 223.7 亿元人民币，新能源汽车领域取得了喜人成就。2016 年 5 月 26 日，联合国环境规划署发布了题为《绿水青山就是金山银山：中国生态文明战略与行动》的专题报告。这一报告提到，中国新能源汽车的产量从 2011 年到 2015 年，每年生产新能源汽车数分别为 8 400 辆、12 600 辆、83 900 辆和 379 000 辆，五年内增长了约 45 倍。报告对于中国生态文明建设的各项措施和成果给予了高度认可，赞扬中国政府高度重视应对气候变化问题，承诺有关责任并积极履约。

"十二五"期间，我国工业资源的综合利用产业规模实现了稳步扩大，同时，技术装备水平也在不断提高，五年间利用大宗工业固体废物约达 70 亿吨，利用再生资源约达 12 亿吨。节能环保产业实现了快速增长，2015 年节能环保装备、资源综合利用、节能服务等节能环保产业的产业规模约为 4.5 万亿元，带动的从业人员规模超过 3 000 万。“十二五”期间涌现了一批节能环保产业基地，并且产业集中能力显著增强，出现了 70 多家节能环保优质企业，年营业收入超过 10 亿元。

在经济新常态下，中国的绿色经济发展道路将会越来越稳。通过促进产业结构和生产方式绿色化走向常态化，大幅提高经济发展的绿色化程度，带动整个社会的生态文明建设。

第 6 节　推动生活方式和消费方式绿色化

建设生态文明是一场巨大而广泛的社会变革，亟须推进生活方式和消费方式的绿色化。生活方式和消费方式的绿色变革，对节约资源能源、保护生态环境影响巨大，可以产生难以估算的绿色效益。因此，中国在推进社会主义生态文明建设的进程中，十分重视推动公众生活方式和消费方式的绿色革命。

一、推动生活方式和消费方式绿色化的根据

推动生活方式和消费方式绿色化具有重大的意义和价值。

第一，推动生活方式和消费方式绿色化的政策根据。近年来，生活方式和消费方式的绿色化逐渐成为生态文明建设的重要话题。2015 年 3 月，《中共中央 国务院关于加快推进生态文明建设的意见》倡导加快推进生态文明建设的良好社会风尚，要求积极培育绿色生活方式，倡导勤俭节约的消费观。2017 年 5 月，习近平同志在中共中央政治局就推动形成绿色发展方式和生活方式进行的第四十一次集体学习时强调，要把生态文明建设摆在全局工作的突出地位，贯彻新发展理念并推动形成绿色发展方式和生活方式。这样，才能带动经济社会发展与生态环境保护统

筹共进，为公众创造良好的生产生活环境。党的十九大报告倡导全社会推行简约适度、绿色低碳的生活方式，反对奢侈浪费和不合理消费。这样，推动生活方式和消费方式的绿色化就成为实现绿色发展的重要任务。

第二，推动生活方式和消费方式绿色化的现实根据。从经济和社会发展角度来考察，我国也存在推动绿色生活方式和消费方式的现实依据。我国长时期依赖的高能耗高排放型产业模式，给资源和环境造成了巨大的压力，不利于推动美丽中国建设。同时，我国人口数量众多、人均资源禀赋不足且环境承载力有限，且居民消费持续上升是不争的事实。2013—2017年，我国社会消费品零售总额实现年均增加11.3%，网上零售额年均增加达30%以上。在物质丰厚的年代，铺张浪费、过度包装等不同程度的存在，给资源和环境以及经济的可持续发展都带来了极大的挑战。因此，必须大力倡导勤俭节约、绿色低碳和文明健康的生活方式以及消费模式，不断提高全社会生态文明意识。

总之，通过促进生活方式和消费方式的绿色革命，能够倒逼生产方式的绿色转型，绿色生产方式和绿色生活方式二者相得益彰，能够共同助力生态文明建设。

二、推动生活方式和消费方式绿色化的举措

推动生活方式和消费方式绿色化是一项复杂的系统工程，需要持续推进、久久为功。

第一，需要加快形成绿色生产方式，实现绿色生产和绿色消费的良性互动。绿色生产和绿色生活是相互作用、相得益彰的关系。绿色生产可以为公众的社会生活提供更优质更环保的选择；生活方式和消费方式的绿色化，也可以倒逼生产方式实现绿色转型。通过加快形成绿色生产，可以为公众提供更多绿色产品和绿色服务，从而为公众选择绿色生活和绿色消费提供充足的空间。

第二，加强顶层设计和政策引导，带动公众实现绿色转型。2014年修订的《环境保护法》要求公民不断树立环境保护的意识，实行低碳和

节约的生活方式，履行环境保护义务。按照《中共中央 国务院关于加快推进生态文明建设的意见》的精神，尤其是要广泛开展绿色生活行动，推动公众在衣食住行游等方面实现绿色化转型，即向勤俭节约、绿色低碳和文明健康的方式转变。消费方式是生活方式的重要表现形式，通过倡导节约资源、环境友好型消费，可以带动绿色服装、绿色饮食、绿色居住、绿色出行以及绿色休闲及旅游等领域的发展。2015 年，环境保护部印发《关于加快推动生活方式绿色化的实施意见》，要求全国各级环境保护部门加大宣传教育，引导生态文明价值理念；通过建立制度体系和完善政策引导公众绿色实践；通过倡导绿色生活方式和消费方式，为建设生态文明打下坚实的社会和群众基础。《中共中央关于制定国民经济和社会发展第十三个五年规划的建议》中提及，要坚持绿色富国、绿色惠民，努力为人民提供更多优质生态产品，从而推动形成绿色发展方式和生活方式，共同推进人民富裕、国家富强和中国美丽。工业和信息化部于 2016 年出台的《绿色制造 2016 专项行动实施方案》，要求在产品的设计、原材料的选择以及产品的加工诸多流程中全面推行绿色设计和绿色制造，并打造绿色工厂和绿色供应链，从而引导绿色生产和绿色消费。2016 年，国家发展改革委会同中宣部等十部委下发了《关于促进绿色消费的指导意见》，旨在推动绿色消费理念逐渐成为社会共识，促进勤俭节约、绿色低碳和文明健康的绿色生活方式和消费模式在全社会树立。通过政策引导和顶层规划，为生活方式和消费方式的绿色化营造良好的社会导向和氛围。

第三，营造绿色消费的市场环境。例如，加强“限塑令”的推行、完善水电阶梯价格、提高城市核心区机动车停车费收费标准、推进垃圾分类等，可以促进公众养成绿色生活方式。同时，政府也要充分发挥引领作用，例如，引导新能源产品的采购和扩大绿色产品市场等，为公众的绿色生活扩展市场空间。这样，通过政府引导、市场调节、社会参与，就可以共同营造绿色生活和绿色消费的合理空间。

总之，生态文明建设关乎国计民生、关乎千家万户。建设生态文明不仅需要生产方式的绿色化，也需要生活方式和消费方式的绿色化，这样才能汇聚民心、集中民智、汇集民力，共建美丽中国，共享生态文明。

三、推动生活方式和消费方式绿色化的成效

公众绿色生活方式和消费方式的确立，对经济、社会和文化等方面都具有重要的引领意义，是构建生态文明的助推器。

首先，生活方式和消费方式的绿色化，促进了绿色制造繁荣发展。党的十八大以来，我国已经发布实施了 40 余项强制性能效国家标准，主要涉及节能潜力巨大的用能产品和设备等。同时，继续实施节能产品惠民工程政策，发布 40 余批目录，涉及 10 万多个型号，推广节能家电和汽车，拉动节能产品消费 9 300 亿元。2012 年至 2016 年，我国节能（节水）产品政府采购规模累计达到 7 460 亿元。2017 年，高效节能电冰箱、空调、洗衣机、平板电视以及热水器等 5 类产品国内销售近 1.5 亿台，实现销售额近 5 000 亿元；有机产品的产值接近 1 400 亿元；2017 年，新能源汽车消费共计 77.7 万辆；2017 年，我国共享单车投放量超过 2 500 万辆[①]。《关于促进绿色消费的指导意见》积极鼓励绿色产品消费，通过大力推广节能产品，力争到 2020 年，推动全国能效 2 级以上的冰箱、空调、热水器等节能型家电的市场占有率达到 50%以上。因此，绿色生活方式和消费方式对于绿色制造业形成了良好的带动效应。

其次，生活方式和消费方式的绿色化，形成了新的经济增长点。当前，节约资源、绿色选购、低碳生活、循环利用等，已经成为大众生活时尚。人民群众对清洁空气和优质用水的消费需求不断上升，客观上推动绿色产品的供给实现了新增长。2017 年，中国的空气净化器产量、国内销售量分别为 1 357 万台、444 万台，同比增长 26.1%和 2.3%；家用净水设备产量、国内销售量分别为 1 629 万台、1 477 万台，同比增长

---

① 国家发展和改革委员会. 2017 年中国居民消费发展报告［EB/OL］. http://zhs.ndrc.gov.cn/gzyzcdt/201804/t20180426_883589.html.

11.4%和12.6%[①]。公众追求环保、宜居，客观上促进了我国绿色行业的发展。

最后，生活方式和消费方式的绿色化，实现了良好的生态环境效益。公众的绿色消费不仅对于自身来讲是一种健康的生活方式，而且有助于最大程度减少经济社会活动对自然环境形成的损害。2017年，我国销售主要五大类节能家电约1.5亿台，可实现年节电约100亿千瓦时，相当于减排二氧化碳650万吨、二氧化硫1.4万吨、氮氧化物1.4万吨和颗粒物1.1万吨[②]。由此可见，生活方式和消费方式的绿色化，一方面有利于节约资源和能源，另一方面有利于减少排放和污染，是实现绿色发展的重要途径。

显然，在推动生活方式和消费方式绿色化方面，我们已经取得了初步成效，为倒逼生产方式的绿色转型准备了社会条件。

总之，“加快形成绿色发展方式，是解决污染问题的根本之策。只有从源头上使污染物排放大幅降下来，生态环境质量才能明显好上去”[③]。由此可见，坚持绿色发展是中国近年来解决污染问题，构建高质量、现代化、可持续经济体系的有力途径。以绿色发展理念引领生态文明建设，以绿色发展方式践履生态文明建设，能够全面推动生态文明建设迈上新台阶。

---

①② 国家发展和改革委员会. 2017年中国居民消费发展报告［EB/OL］. http://zhs.ndrc.gov.cn/gzyzcdt/201804/t20180426_883589.html.

③ 习近平. 推动我国生态文明建设迈上新台阶［J］. 求是，2019（3）.

第4章

大力构建生态文明体系

4 大力构建生态文明体系

为了实现我国生态文明建设的目标，必须加快构建生态文明体系。2018 年 5 月 18 日，习近平同志在全国生态环境保护大会上提出："加快解决历史交汇期的生态环境问题，必须加快建立健全以生态价值观念为准则的生态文化体系，以产业生态化和生态产业化为主体的生态经济体系，以改善生态环境质量为核心的目标责任体系，以治理体系和治理能力现代化为保障的生态文明制度体系，以生态系统良性循环和环境风险有效防控为重点的生态安全体系。"① 这样，生态文明五大体系搭建起生态文明建设的基本框架，使生态文明建设成为一项更加清晰的系统工程。加快构建生态文明体系，包括生态文化体系、生态经济体系、目标责任体系、生态文明制度体系以及生态安全体系五个方面，基本界定了当代中国生态文明体系的基本框架。其中，生态文化体系为生态文明建设提供了价值指引和思想保证；生态经济体系为生态文明建设提供了物质基础和基本保障；目标责任体系和生态安全体系指明了生态文明建设的责任与动力，厘清了有关生态问题的底线和红线；而生态文明制度体系则为生态文明建设提供了最根本的制度保障。

第 1 节　大力构建生态文化体系

推进生态文明建设需要加快建立健全以生态价值理念为基本准则的生态文化体系。开展环境治理和生态文明建设，既需要政府积极发挥主导性作用，推进并完善生态文明体制，努力做好生态环境保护管理体制改革的顶层设计方案，更需要社会公众发挥其主体作用，积极参与和配合生态文明建设。这样，既可以降低政府的治理成本，又能够发挥公众的积极性和主动性，形成社会合力，推动生态治理体系与治理能力现代化，共同促进生态文明水平的提升。因此，需要公众积极树立生态文明意识，提升社会生态文化水平。

---

① 习近平．推动我国生态文明建设迈上新台阶［J］．求是，2019（3）．

一、构建生态文化体系的主要依据

构建生态文化体系具有重大的意义和价值。

第一，发挥先进文化在社会发展中的作用。文化作为一种观念形态，彰显了人们的价值世界和理论世界，是社会价值系统的总和，对人们起到熏陶、教化和激励的作用。习近平同志曾经指出："要化解人与自然、人与人、人与社会的各种矛盾，必须依靠文化的熏陶、教化、激励作用，发挥先进文化的凝聚、润滑、整合作用。"[①] 先进文化作为符合社会生产力发展要求、人类社会发展方向以及广大社会成员根本利益的文化，对整个社会起到集聚、润滑和整合的作用。当前，生态文化体系的构建代表了社会主义发展进程中的先进文化，对于引导全社会牢固树立社会主义生态文明观、团结和带动全社会走向生态文明能够起到积极的整合作用。

第二，发挥生态文化在生态文明中的作用。生态文化是生态文明的文化表现和文化表征，在生态文明建设中具有智力支撑、价值导引等方面的作用。习近平同志向来重视生态文化的传承和发扬。一方面，从马克思主义自然观中吸收有关人与自然的科学理论，认为人类如果善待自然界，那么自然界也会馈赠人类。另一方面，继承和吸收中国传统生态文化和思想，如《易经》、《老子》、《孟子》、《荀子》和《齐民要术》等经典作品中所蕴含的生态智慧，认为"这些观念都强调要把天地人统一起来、把自然生态同人类文明联系起来，按照大自然规律活动，取之有时，用之有度，表达了我们的先人对处理人与自然关系的重要认识"[②]。当然，习近平生态文明思想也具有开放的胸怀，要求我们虚心学习国外的有益的生态文化。显然，生态文化的树立和宣传，有利于促进生态文明理念深入人心，是提升社会主义新人生态文明意识和生态文明素养的主要途径。

---

① 习近平．之江新语［M］．杭州：浙江人民出版社，2007：149.

② 习近平．推动我国生态文明建设迈上新台阶［J］．求是，2019（3）．

总之，为了充分发挥文化在生态文明建设中的引领作用，必须大力构建生态文化体系。

二、构建生态文化体系的主要任务

生态文化体系是一个综合体系，涉及生态价值观和生态道德等要素。“生态文化的核心应该是一种行为准则、一种价值理念。”① 生态价值观彰显的是人们内心里如何衡量生态文明，表征的是人们实践中如何对待生态文明的态度和行为。

第一，将生态文明上升为主流价值观。社会主义核心价值体系包括马克思主义指导思想、中国特色社会主义共同理想、以爱国主义为核心的民族精神和以改革创新为核心的时代精神、社会主义荣辱观。而社会主义生态文明是马克思主义自然观在当代的集中体现，是中国特色社会主义事业总体布局的重要组成部分，是中华民族同心勠力共同奋斗的时代目标，也是全社会的共同追求和价值指向。因此，生态文明与社会主义核心价值体系是内在一致的。树立生态价值观是时代发展所需要的核心价值观之一。2014 年在北京大学师生座谈会上，习近平指出：“一个民族、一个国家的核心价值观必须同这个民族、这个国家的历史文化相契合，同这个民族、这个国家的人民正在进行的奋斗相结合，同这个民族、这个国家需要解决的时代问题相适应。”② 新时代中国发展所面临的问题既包括发展问题也包括可持续发展的问题，即如何实现经济社会发展与资源环境保护之间相互协调。2015 年的《中共中央 国务院关于加快推进生态文明建设的意见》提出，加快推进生态文明建设是坚持以人为本并促进社会和谐的必然选择，也是全面建成小康社会、最终实现中华民族伟大复兴中国梦的一种时代抉择。因此，需要不断促进生态文明成为全社会的主流价值观，并成为社会主义核心价值观的重要内容。“我们要在全社会牢固树立社会主义核心价值观，全体人民一起努力，

---

① 习近平．之江新语［M］．杭州：浙江人民出版社，2007：48.

② 习近平．青年要自觉践行社会主义核心价值观：在北京大学师生座谈会上的讲话［N］．人民日报，2014-05-05（2）.

通过持之以恒的奋斗，把我们的国家建设得更加富强、更加民主、更加文明、更加和谐、更加美丽，让中华民族以更加自信、更加自强的姿态屹立于世界民族之林。”[①] 这样，在中国特色社会主义事业不断前进的过程中，培育生态文化、建设生态文明必然成为社会主义核心价值观的题中之义。

第二，牢固树立社会主义生态文明观。生态文明建设功在当代、利在千秋。“我们要牢固树立社会主义生态文明观，推动形成人与自然和谐发展现代化建设新格局，为保护生态环境作出我们这代人的努力！”[②] 党的十八大以来，我国把生态文明建设作为统筹推进中国特色社会主义“五位一体”总体布局的重要内容，将生态文明建设积极融入经济建设、政治建设、文化建设和社会建设的各方面和全过程，将改善生态环境作为民生的大工程，集中体现了生态文明建设的社会主义属性，彰显了生态文明建设为人民服务、致力中华民族永续发展的价值指向。社会主义生态文明观是对社会主义生态文明的自觉反思和理论成果，不仅是对什么是社会主义生态文明、如何建设社会主义生态文明的科学回答，而且集中体现着超越生态复古主义、文化浪漫主义、生态中心主义、绿色资本主义的一切社会主义生态文明观念的总和。在这个问题上，习近平生态文明思想的主要观点集中体现着社会主义生态文明观。

第三，建立完善生态文明价值观体系。生态文明价值观体系是真善美的统一。所谓真，意指要科学认识人与自然的关系，养成尊重自然、顺应自然、保护自然的生态理性。所谓善，意指敬畏自然，像对待生命一样对待自然。要善待自然，就必须具备一种生态道德，具有生态正义和生态良心，对自然环境、其他物种怀有同情感和责任心。所谓美，意指坚持人与自然和谐共生，实现青山绿水、碧海蓝天，还自然以宁静、和谐、美丽。总之，我们坚持真善美相统一，推动全社会履行生态责

---

① 中共中央文献研究室．十八大以来重要文献选编：中［M］．北京：中央文献出版社，2016：4.

② 习近平．决胜全面建成小康社会 夺取新时代中国特色社会主义伟大胜利：在中国共产党第十九次全国代表大会上的报告［N］．人民日报，2017-10-28（1）.

任、践行生态美德和生态正义，打造科学、稳定的生态文明价值观体系。

显然，构建生态文化体系不仅要促进文化的绿色化，而且要形成绿色化的文化。

三、构建生态文化体系的主要举措

一国国民的生态文化素质的养成不能单靠群众自发，而是主要依靠系统的生态文明教育的有力支撑，进而辐射全社会，形成完整的教育体系和效果。生态文明教育有利于教育和引导公众形成尊重和热爱自然、保护环境的意识，进而指导实践。

一方面，将生态文化贯穿于国民教育全过程。当前中国的不同层级的教育体系中已经逐渐融入有关生态文明教育的内容，并渐成体系。2003年，教育部印发《中小学环境教育实施指南（试行）》和《中小学生环境教育专题教育大纲》。2010年，教育部下发《国家中长期教育改革和发展规划纲要（2010—2020年）》，明确要求坚持以人为本并实施素质教育，全面加强和改进德育、智育、体育和美育，强调重视生命教育、安全教育和可持续发展教育等等，提高学生的综合素质，促进全面发展。为此，结合“十二五”发展规划，环境保护部、中宣部、教育部、共青团中央、中央文明办和全国妇联等六部门在2011年制定下发了《全国环境宣传教育行动纲要（2011—2015年）》。2016年，为贯彻党的十八大报告中关于加强生态文明建设的要求并落实“十三五”发展规划，以及配合国家“十三五”环境保护工作部署，环境保护部、中宣部、教育部等六部门再次联合编制《全国环境宣传教育工作纲要（2016—2020年）》，要求开展全民环境教育行动，将生态环境道德观和价值观教育全面纳入精神文明建设内容并予以部署；加强基础教育和高等教育阶段的环境教育，推动环境教育融入国民素质教育。旨在通过一系列教育手段，到2020年整体促进并提升全民环境意识，使生态文明主流价值观在全社会实现顺利推进，形成人人、事事、时时崇尚生态文明与生态道德的社会氛围，进而形成自上而下以及自下而上相结合的环境与社会共治的局面。与此同时，针对高校以及中小学等不同教育层级出版了一大批优质生态文明教育读本，如2012年山西教育出版社出版的《中小学环境教育读本》、2018年中国林业出版社出版的高校生态文明类教材《大学生生态文明建设教程》等，都为校园生态文明教育提供了很好的素材，有力地推动了环境教育，提升了社会的生态文明意识和素质。

除了纳入国民教育体系之外，生态文明教育也逐渐纳入干部教育培训体系。党的十八大以来，习近平同志多次在政治局常委会集体会议以及政治局集体学习、全国环保大会等重要场合谈及建设生态文明的重要性，强调党员领导干部高度重视生态文明建设的必要性。良好的生态环境是最普惠的民生福祉，因而生态环境是关系党的使命和宗旨的重大政治问题。地方各级党委和政府的主要领导需要作为当地行政区域生态环境保护的第一责任人，因为“生态环境保护能否落到实处，关键在领导干部”，“要落实领导干部任期生态文明建设责任制，实行自然资源资产离任审计，认真贯彻依法依规、客观公正、科学认定、权责一致、终身追究的原则。要针对决策、执行、监管中的责任，明确各级领导干部责任追究情形。对造成生态环境损害负有责任的领导干部，不论是否已调离、提拔或者退休，都必须严肃追责。各级党委和政府要切实重视、加强领导，纪检监察机关、组织部门和政府有关监管部门要各尽其责、形成合力”[①]。培养和树立党员领导干部保护环境的使命感以及建设生态文明的责任感，有利于强化生态治理能力、提升生态文明建设水平。在这方面，中组部和中共中央党校（国家行政学院）都制定了相关的政策和举措。

另一方面，将生态文明建设渗透于精神文明建设各环节。加强媒体宣传，积极创造生态文化产品满足社会发展需求。通过将生态文明融入现代公共文化服务体系并深入挖掘传统生态文化资源，利用现代传媒手

---

① 中共中央文献研究室．习近平关于社会主义生态文明建设论述摘编［M］．北京：中央文献出版社，2017：110，110-111.

段进行有效传播，不断满足公众对生态文化的需求。同时，加强生态普法和环保宣传，不断提升公众的生态道德意识和生态法治意识，构建起崇尚生态文明的基本社会共识。党的十八大以来，中国不断加强对世界地球日、世界环境日、世界海洋日、世界森林日等主题的宣传。与此同时，加强中国节能环保节日文化建设，如设立全国节能宣传周和全国低碳日等，2018 年全国节能宣传周的主题为“节能降耗、保卫蓝天”，2018 年全国低碳日活动的主题为“提升气候变化意识、强化低碳行动力度”。2018 年 6 月 5 日，生态环境部、中央文明办、教育部、共青团中央和全国妇联五部门，联合发布了《公民生态环境行为规范（试行）》，倡导全社会推行简约适度、绿色低碳的生活方式，同时引领公民践行保护生态环境的责任。总体上，通过加强资源环境的基本国情宣传教育、利用各类媒体普及生态文明法律法规和科学知识、加强破坏资源环境反面事例报道以及环保正能量宣传等，提升公众节约环保意识，营造保护资源环境和建设生态文明的社会风气与健康氛围。

此外，在生态文明宣传教育中，我们坚持以人为本，大力推动公众参与。公众的积极参与有利于形成优质的生态文化、壮大整个社会的环保力量。一个国家生态文明的建设水平和发达程度，不仅在于其绿色生产能力，还在于其资源能源的利用效率以及对于资源能源和生态环境的保护能力；前者在于政府和企业，后者则在于社会和公众。因此，生态文明教育的根本在人，唯有坚持以人为本，才能将推进生态文明教育进而保护生态环境的目标落在实处，从而最终将生态文明建设的成果反馈于民并惠及于民。在这方面，近年来，为大家称道的“塞罕坝”精神就是一个典例。1962 年，中国林业部在河北省塞罕坝成立了承德塞罕坝机械林场，开启人工造林，塞罕坝人也开始了人与自然和谐共生的奋斗历程。经过林场职工几十年的艰苦奋斗，植树造林成果十分巨大，实现荒漠变林海。党的十八大以来，塞罕坝人践行绿水青山就是金山银山的理念，持之以恒坚持绿色发展，实现单位面积林木蓄积量达全国人工林面积平均水平的 2.76 倍，全国森林面积平均水平的 1.58 倍，也是世界森林平均水平的 1.23 倍。2017 年 8 月，习近平同志对塞罕坝感人事例做出重要指示，号召全国学习“塞罕坝精神”，共同建设美丽中国。2017 年 12 月，塞罕坝林场建设者获联合国环境规划署颁发的 2017 年联合国环保领域最高荣誉——“地球卫士奖”，“塞罕坝精神”得以广为传播。可以说，正是公众的积极参与，促进了整个社会不断形成绿色生活方式，进而催生新的绿色产业、新的生产方式和新的消费方式，带动全社会生态文明水平的提升。

总之，生态文化在生态文明建设中具有润物无声的作用，因此，我们必须大力构建生态文化体系。

第 2 节　大力构建生态经济体系

生态文明不是不要经济发展，而是要求将环境和发展统一起来，大力发展生态经济。2018 年 5 月 18 日，习近平总书记在全国生态环境保护会议上指出，要加快建立健全以产业生态化和生态产业化为主体的生态经济体系。这样，就指明了中国生态经济的发展方向。

一、构建生态经济体系的主要依据

生态经济是生态文明的经济表现和经济表征。构建生态经济体系既是生态文明建设的题中之义，也是实现高质量发展的基本要求。

第一，构建生态经济体系的理论依据。绿水青山就是金山银山的理念，是打造生态经济体系的理论基础。“绿水青山就是金山银山，阐述了经济发展和生态环境保护的关系，揭示了保护生态环境就是保护生产力、改善生态环境就是发展生产力的道理，指明了实现发展和保护协同共生的新路径。绿水青山既是自然财富、生态财富，又是社会财富、经济财富。保护生态环境就是保护自然价值和增值自然资本，就是保护经济社会发展潜力和后劲，使绿水青山持续发挥生态效益和经济社会效益。”① 绿水

① 习近平．推动我国生态文明建设迈上新台阶 [J]．求是，2019 (3)．

青山能否转化为金山银山，关键在人，关键在思路，取决于能否把自然优势转化为经济优势。生态经济是将绿水青山和金山银山联系起来的桥梁和纽带。习近平同志在浙江省工作期间曾经指出："我省'七山一水两分田'，许多地方'绿水逶迤去，青山相向开'，拥有良好的生态优势。如果能够把这些生态环境优势转化为生态农业、生态工业、生态旅游等生态经济的优势，那么绿水青山也就变成了金山银山。"① 可见，绿水青山就是金山银山的发展理念，客观上要求建立生态经济体系。

第二，构建生态经济体系的实践依据。在全球性生态危机的背景下，绿色经济成为全球经济发展的重要趋势。随着我国社会主要矛盾的变化，实现高质量发展成为我国经济发展的必然选择。2019 年 3 月 5 日，在参加十三届全国人大二次会议内蒙古代表团审议时，习近平同志指出，要探索以生态优先、绿色发展为导向的高质量发展新路子。显然，绿色发展不仅是高质量发展的要求，而且是高质量发展的导向。"绿色发展注重的是解决人与自然和谐问题。绿色循环低碳发展，是当今时代科技革命和产业变革的方向，是最有前途的发展领域，我国在这方面的潜力相当大，可以形成很多新的经济增长点。"② 绿色发展旨在促进资源能源、生产和消费等要素相协调，实现经济社会发展与生态环境相协调。因此，绿色发展既是新发展理念的重要构成要素，也是在经济新常态下，构建高质量和现代化经济体系的必然要求。可见，实现绿色发展亟须打造生态经济体系。

总之，构建生态经济体系既有科学的理论依据，又有扎实的实践依据。

二、构建生态经济体系的主要任务

构建生态经济体系，落实到实践当中，主要就是建立健全以产业生态化和生态产业化为主体的绿色经济体系。生态文明体系的构建需要以

---

① 习近平．之江新语［M］．杭州：浙江人民出版社，2007：153.

② 中共中央文献研究室．习近平关于社会主义生态文明建设论述摘编［M］．北京：中央文献出版社，2017：28.

生态经济体系做支撑，从而实现经济、社会与环境的协调和可持续发展。《中华人民共和国国民经济和社会发展第十三个五年规划纲要》要求在全国范围内设立统一规范的国家生态文明试验区；推动各产业充分利用资源进一步实现节约、集约以及循环利用；全社会大力发展循环经济，实施循环发展引领计划。在此基础上，以提高环境质量为核心，在经济发展过程中，既要提高资源利用效率，又要扎实为人民群众提供更多优质生态产品。在搭建生态经济体系的基础上，协同推进并实现人民富裕、国家富强、中国美丽。2016 年 12 月 21 日，习近平同志在中央财经领导小组第十四次会议上指出："加快生态文明建设，加强资源节约和生态环境保护，做强做大绿色经济。"① 产业生态化与生态产业化，是同一系统的两个不同构成方面，二者相辅相成，共同构成了生态经济体系。

第一，大力实现产业生态化。所谓的产业生态化，指的是在产业的组织和管理过程中，按照构建绿色发展、低碳发展和循环发展的发展方向，通过使用绿色技术促进资源和能源的节约使用，对产业的整个生产流程进行生态化组织和管理，进而实现产出增加和环境友好的产业目标。产业生态化的基本特征是资源能源利用效率高、污染物排放少、生态效益良好的产业，这既包括环境友好的新兴产业，也包括需要进行绿色技术改造的传统产业。2014 年 11 月 11 日，习近平主席在亚太经合组织第二十二次领导人非正式会议上提出："我们赞赏在蓝色经济、绿色经济、可持续能源、中小企业、卫生、林业、矿业、粮食安全、旅游、妇女与经济等领域取得的积极成果。"② 通过产业的生态化改造，实现产业的绿色化发展，进而可以形成良好的经济和社会效益。

第二，大力实现生态产业化。所谓的生态产业化是指按照产业发展规律，通过市场化手段连接生态与市场，通过积极转化生态要素提供优

---

① 中共中央文献研究室．习近平关于社会主义生态文明建设论述摘编［M］．北京：中央文献出版社，2017：35．

② 习近平．在亚太经合组织第二十二次领导人非正式会议上的闭幕辞［N］．人民日报，2014-11-12（2）．

质生态产品和服务，进而促进三大产业与生态环境的良性互动，以市场带动生态资源的保护性利用与保值、增值。生态产业化印证的正是“绿水青山就是金山银山”的理论，根据区域生态资源的布局，按照生态保护优先、合理有序开发的原则逐步实现生态产业化发展。例如，中国近些年在生态条件允许的区域积极推行建立国家生态旅游示范区等项目，带动当地实现生态产业化。国家生态旅游示范区主要是在具备相关自然资源和生态环境的地区，明确地域界限，经过相关评定标准的考核，能够开展生态旅游、具有示范效应的典型区域。2001 年，国家旅游局和国家环保总局及国家计委等三家单位提出打造生态旅游示范区的构想。为引导和促进全国生态旅游的发展，环境保护部和国家旅游局于 2012 年先后联合下发了《国家生态旅游示范区管理规程》以及《国家生态旅游示范区建设与运营规范（GB/T26362－2010）评分实施细则》两份文件，对生态旅游示范区进行规范化管理，以促进行业健康发展。2017 年，环境保护部和国家发展改革委联合下发了《生态保护红线划定指南》，为生态旅游示范区的运营进一步起到了指导和规范作用。环境保护部还联合国家旅游局于 2017 年推动建立了 72 个国家生态旅游示范区，旨在进一步促进资源开发与环境保护、有效推动旅游业转型升级。

总之，产业生态化与生态产业化共同构建了生态产业体系。产业生态化与生态产业化虽然路径不一、重点不同，但无论是哪一种实践模式，都致力于实现生态目标与产业发展目标的一致，促进生态产业的良性生长。

三、构建生态经济体系的主要举措

在实践路径上，近年来，中国通过打造一系列国家生态文明建设示范区，不断探索和建构中国特色社会主义生态经济体系。生态文明建设示范区包括生态工业示范园区、生态文明建设示范省、生态文明建设示范市、生态文明建设示范县、生态文明建设示范乡镇以及生态文明建设示范村等类型，通过交叉推进产业生态化与生态产业化，进而打造可持续发展的生态经济体系。通过在不同地域和不同领域的生态文明建设示范区进行制度创新、先行先试，为地区和全国生态文明建设积累有益经验、发挥示范引领作用。

产业生态化的依托载体主要是构建生态工业示范园区。近年来，中国通过实践产业生态化的多样模式，逐渐探索传统产业的绿色化和新兴产业的绿色化道路。2007年，国家环保总局、商务部和科技部共同下发《关于开展国家生态工业示范园区建设工作的通知》，开始着手建设国家级生态工业示范园区。2011年，环境保护部下发《国家生态工业示范园区建设的指导意见》，其中提出要在“十二五”期间，着力建设50家特色鲜明、成效显著的国家生态工业示范园区。截至2016年，中国已经建成国家生态工业示范园区47家。2015年12月，环境保护部、商务部和科技部正式联合下发《国家生态工业示范园区管理办法》。其中，对于“生态工业”进行了明确定义。“生态工业是指综合运用技术、经济和管理等措施，将生产过程中剩余和产生的能量和物料，传递给其他生产过程使用，形成企业内或企业间的能量和物料高效传输与利用的协作链网，从而在总体上提高整个生产过程的资源和能源利用效率、降低废物和污染物产生量的工业生产组织方式和发展模式”[①]。通过这一管理办法，旨在促进工业园区按照循环经济的理念和方式以及清洁生产的基本要求、提升资源及能源的利用效率并降低废物与污染物量，实现绿色、低碳和循环发展，进而实现产业生态化的目标。与此同时，2016年1月1日环境保护部正式实施了《国家生态工业示范园区标准》，按照经济发展、产业共生、资源节约、环境保护以及信息公开等五大类标准对生态工业示范园区进行评价和考核。相较于国外，尽管中国的生态工业园建设起步略晚，但目前发展态势平稳，逐渐完善和走向成熟，为带动产业生态化、构建生态产业奠定了良好基础。

生态产业化则依据不同的地理条件和生态要素，以更为具体的形式在不同地区加以施行。在一般意义上，要求实施生态产业化的区域应该

---

① 环境保护部，商务部，科技部. 关于印发《国家生态工业示范园区管理办法》的通知[EB/OL]. http://www.gov.cn/gongbao/content/2016/content_5061695.htm.

具有相应的自然生态优势。按照国土功能区的划分层级，禁止开发区域需要防止开发和破坏，因此不适宜推进生态产业化发展；优化开发区域、重点开发区域以及限制开发区域，可以按照生态条件的不同，有条件、逐步地实现生态产业化发展。通过科学规划，逐步拟定生态农业和生态林业以及生态旅游业等生态资源产业化发展路径，在实现生态资源保值的基础上，以产业化方式带动当地生态资源实现保值和进一步增值。

生态农业在中国有着较为悠久的历史，几千年前的桑基鱼塘即是生态-农业良性互动的经典案例。20 世纪 80 年代初，随着全球开始关注可持续发展议题，中国亦开始着手考虑发展生态农业、促进农业实现可持续发展的事业。1984 年，《国务院关于环境保护工作的决定》中明确提及应积极推广生态农业；1991 年，《中华人民共和国国民经济和社会发展十年规划和第八个五年计划纲要》要求将生态农业和植树造林作为中国环境与发展的十大对策之一。1993 年，农业部、林业部、国家环保局等部门共同组建全国生态农业县建设领导小组，在全国范围内开展了 50 个生态农业试点县建设工作，并于 1994 年向国务院提出《关于加快发展生态农业的报告》，获得国务院批准。当时中国的生态农业发展已经初见成效，先后有 7 家生态农业村获得联合国环境规划署“全球环境 500 佳”称号，并委托中国举办了国际生态农业培训班。近年来，中国的生态农业还逐渐探索出整省推进生态农业产业化建设、区域生态农业示范以及建设村级生态循环农业示范基地等几种不同模式，以适应不同环境和条件下开展生态农业建设。至今，中国的生态农业建设已经发展到村、乡（镇）和县等几个级别，遍布全国 30 余省区市，全国生态农业试点呈现出经济增长、生态优化与社会和谐的良好局面。2015 年，农业部和国家发展改革委、国家林业局等部门联合下发《全国农业可持续发展规划（2015—2030 年）》，强调促进农业可持续发展、推进生态循环农业发展。2016 年 8 月，农业部会同环境保护部、国家发展改革委等部委联合下发《国家农业可持续发展试验示范区建设方案》，启动建设国家农业可持续发展试验示范区，搭建农业绿色发展以及可持续发展的综合平台。2017 年，党的十九大报告中明确提出："要坚持农业农村优先发展，按照产业兴旺、生态宜居、乡风文明、治理有效、生活富裕的总要求，建立健全城乡融合发展体制机制和政策体系，加快推进农业农村现代化。"① 通过大力发展生态农业，促进乡村地区在保持优美的生态环境基础上，实现农业与生态环境、人与自然和谐共生。2018 年 1 月，中共中央、国务院下发了《关于实施乡村振兴战略的意见》，要求推进绿色乡村发展，构建人与自然和谐共生发展的新格局；正确处理开发与保护的关系，利用乡村原有的生态优势积极发展生态经济，提供更多优质生态产品和绿色服务，从而实现生态和经济良性循环。因此，这也为未来中国继续大力发展生态农业提供了政策上的指导。

在农业领域推动实现生态产业化的道路上，中国还先后通过划定生态保护红线，以及实施水土保持、防沙治沙、草原生态保护补助奖励以及退耕还林还草等措施，加强了对林业等生态资源的保护。2018 年中国的森林面积达到了 31.2 亿亩，森林覆盖率达 21.66%，而森林蓄积量也达到近 151.4 亿立方米；未来，中国将大规模推进国土绿化行动，力争 2035 年全国的森林覆盖率达 26%。在植树造林、绿化国土的基础上，中国近年来还积极推进森林城市建设等活动，促进生态资源有效连接经济和社会资源，协调推进。国家林业局于 2016 年 9 月下发《关于着力开展森林城市建设的指导意见》，要求改善城乡生态环境、提升人居环境质量；目标是到 2020 年，争取建成 200 个国家森林城市、6 个国家级森林城市群示范（包括京津冀、长三角、珠三角、长株潭、关中-天水以及中原 6 个区域）以及 1 000 个森林村庄示范。在这一过程中，加强政策指导规划，包括加强对林地用途管制以及限额的管理，严厉打击非法占用林地等破坏自然资源的违法犯罪行为，完善资本进入林业的渠道、盘活林业资产，以及探索成立国土绿化企业联盟、促进国土绿色企业健康发展等，实现林业经济健康发展。这样，通过营造优质的森林生

① 习近平. 决胜全面建成小康社会 夺取新时代中国特色社会主义伟大胜利：在中国共产党第十九次全国代表大会上的报告［N］. 人民日报，2017-10-28 (1).

态资源、推动林业经济有序发展，进一步推动经济和社会发展水平、增进居民福祉。

产业生态化和生态产业化的实质都是要求构建新型的生态经济，在遵循生态规律和经济规律的基础上，合理开发资源、有效保护环境，进而推动实现经济效益、社会效益和生态效益的有机统一。

第3节 大力构建目标责任体系

作为本行政区域生态环境保护第一责任人，各级党政干部必须承担起生态文明建设的政治责任。因此，大力构建生态文明的目标责任体系是推进生态文明领域国家治理体系和治理能力现代化的重要任务。以改善生态环境质量为核心的目标责任体系划定了建设生态文明的责任与底线，展现了中国共产党在治理环境、建设生态文明进程中的决心和毅力。

一、构建生态文明目标责任体系的主要依据

落实生态文明建设目标责任，关键在于各级党政领导干部，因此，构建生态文明目标责任体系具有重大的意义和价值。

第一，构建生态文明目标责任体系的理论依据。在建设中国特色社会主义的过程中，生态文明建设是大政治，关乎党的使命和宗旨。因此，建设生态文明需要树立科学的政绩观，明确生态文明建设的政治责任。在构建生态文明体系的过程中加强目标引导和责任约束，关键在于领导干部的责任和意识。“各地区各部门要增强‘四个意识’，坚决维护党中央权威和集中统一领导，坚决担负起生态文明建设的政治责任，全面贯彻落实党中央决策部署。”① 通过加强党中央的集中领导与集体约束，形成领导干部保护生态环境的责任约束机制，坚定其保护生态环境

① 习近平. 推动我国生态文明建设迈上新台阶［J］. 求是，2019（3）.

的信念。

第二，构建生态文明目标责任体系的实践依据。构建生态文明目标责任体系，有利于领导干部在实践当中摒弃损害和破坏生态环境的发展模式，避免以牺牲生态环境为代价来换取一时一地的经济增长的做法。“实践证明，生态环境保护能否落到实处，关键在领导干部。一些重大生态环境事件背后，都有领导干部不负责任、不作为的问题，都有一些地方环保意识不强、履职不到位、执行不严格的问题，都有环保有关部门执法监督作用发挥不到位、强制力不够的问题。要落实领导干部任期生态文明建设责任制，实行自然资源资产离任审计，认真贯彻依法依规、客观公正、科学认定、权责一致、终身追究的原则。”[①] 这样，才能切实保证责任到人。

总之，通过厘清并强化生态文明目标责任，从多维度入手，可以打造一套科学、立体的生态文明目标责任体系。

二、构建生态文明目标责任体系的主要任务

在生态文明目标责任体系的建设中，必须进一步完善整套体系的构成要素，全面建构有主体、负责任、见实效的生态文明目标责任体系。当前，中国已经构筑起相对细化和完善的生态文明目标责任体系，具体包括以下内容：

（一）“党政同责，一岗双责”体系

确立“党政同责，一岗双责”的责任体系，是落实生态文明建设的关键手段。党的十八大以来，中国逐渐开始设计、推行生态文明建设评价考核中的“党政同责”制度。党的十八大报告提出，要加强环境监管、建立健全生态环境保护的责任追究制度。这为未来建构党政同责奠定了工作基础。2015 年 7 月 1 日，习近平同志在中央全面深化改革领导

① 中共中央文献研究室. 习近平关于社会主义生态文明建设论述摘编［M］. 北京：中央文献出版社，2017：110-111.

小组第十四次会议上指出，要重点督察贯彻党中央决策部署、解决突出环境问题、落实环境保护主体责任的情况。要强化环境保护“党政同责”和“一岗双责”的要求，对问题突出的地方追究有关单位和个人责任。2018 年 6 月，中共中央、国务院发布的《关于全面加强生态环境保护 坚决打好污染防治攻坚战的意见》进一步提出，要“落实领导干部生态文明建设责任制，严格实行党政同责、一岗双责”①。从建立责任政府的角度，积极推动生态治理和治理能力现代化。“各相关部门要履行好生态环境保护职责”，“管发展的、管生产的、管行业的部门必须按‘一岗双责’的要求抓好工作”②。“党政同责、一岗双责”的考核评价体系有利于引导地方树立新发展理念、转变政绩观，并建立起常态化的问责机制。

（二）环境保护督察体系

环境保护督察机制的作用在于能够有力解决突出生态环境问题，不断改善生态环境质量并实现高质量的发展。从组织机构和督察方案等层面上看，中国目前已经形成了相对完善的中央和地方生态环境保护督察机制。从组织机构上看，中国的生态环境保护督察机构经历了十余年的发展进程。2002 年，环境保护部试点建立了区域督察中心，包括华北、华东、华南、西北、西南、东北六大区域，2008 年全面组建并定编为事业单位性质。十余年来，督察中心在协调跨省污染纠纷、加强环境保护监管执法以及应对突发环境事件等方面发挥了巨大作用。但是，随着这一环保任务的扩展以及工作领域的不断扩大，原有事业单位性质逐渐无法满足督察和监管需求。

（三）生态政绩考评体系

生态政绩考评机制的建立和完善，有助于进一步构建和完善生态文

---

① 中共中央 国务院关于全面加强生态环境保护 坚决打好污染防治攻坚战的意见 [N]. 人民日报，2018-06-25 (6).

② 习近平. 推动我国生态文明建设迈上新台阶 [J]. 求是，2019 (3).

明建设的目标责任体系。2015 年，中共中央、国务院联合下发《关于加快推进生态文明建设的意见》，要求健全政绩考核制度，建立起一套体现生态文明要求的目标体系、考核办法以及奖惩机制；强化生态指标的约束，不唯经济增长论英雄；针对不同主体功能区的定位和实际地域情况进行绩效评价等。2016 年印发的《生态文明建设目标评价考核办法》，针对省、自治区和直辖市的党委和政府的生态文明建设目标进行评价与考核，具体实施单位包括国家统计局、环境保护部以及国家发展改革委等部门。其评价将按照绿色发展指标体系予以实施，主要评估各地区的生态保护、资源利用、环境质量、增长质量、环境治理、绿色生活以及公众满意程度等方面的总体变化趋势及动态进展，进而生成各地区绿色发展指数。具体组织实施部门将根据国家生态文明建设的总体要求，结合各地区的资源环境条件以及经济社会发展水平等要素，将年度评价和五年考核相结合，实现对考核目标的分解和落实。此文件的出台意味着生态文明建设的目标指标正式进入党政领导干部的考核评价体系，而生态环保责任落实情况将成为政绩考核的重要内容。通过这一举措，为绿色发展和生态文明建设提供了坚实的保障。

（四）生态责任追究体系

生态责任追究体系旨在让保护生态环境成为党政领导干部的刚性约束，涉及一系列基本制度和配套制度。党的十八大以来，习近平同志针对生态文明建设，多次提出要建立健全生态环境保护的责任追究制度，用坚决的态度和严厉的措施遏止对于生态环境的破坏行为。“对那些不顾生态环境盲目决策、造成严重后果的人，必须追究其责任，而且应该终身追究。”[①] 加强对于党政领导干部损害生态环境行为的责任追究，“要落实领导干部任期生态文明建设责任制，实行自然资源资产离任审计，认真贯彻依法依规、客观公正、科学认定、权责一致、终身追究的

① 中共中央文献研究室. 习近平关于社会主义生态文明建设论述摘编［M］. 北京：中央文献出版社，2017：100.

原则。要针对决策、执行、监管中的责任，明确各级领导干部责任追究情形。对造成生态环境损害负有责任的领导干部，不论是否已调离、提拔或者退休，都必须严肃追责”[①]。目前，中国已经探索建立的生态责任追究制度主要包括自然资源资产离任审计制度以及生态环境损害责任终身追究制度。

此外，我们还推出了生态红线管控、自然资源资产负债表等多项配套制度，形成了一套行之有效的生态责任追究体系。

三、构建生态文明目标责任体系的主要举措

党的十八大以来，我国生态文明制度建设取得了丰硕成果。习近平同志多次提到，要打造生态文明制度建设的“四梁八柱”，其中一个重要内容就是完善生态文明绩效评价考核和责任追究制度。以此为基础，构建生态文明制度之基。当下，我国主要通过以下几个方面促进生态文明目标责任体系的建立。

（一）建立“党政同责，一岗双责”责任体系

党的十八届三中全会指出，要探索编制自然资源资产负债表，并对领导干部实行自然资源资产离任审计，同时进一步强调建立生态环境损害责任终身追究制度等。党的十八届五中全会要求以市县级行政区划为基本单位，建立起一套由空间规划、用途管制以及领导干部自然资源资产离任审计和差异化绩效考核等构成的空间治理体系。《中华人民共和国国民经济和社会发展第十三个五年规划纲要》要求切实落实地方政府的环境责任，建立起环境质量目标责任制和评价考核机制，并实行领导干部环境保护责任离任审计。这一系列国家级规划和政策铺垫，呼唤国家打造出台专门的党政同责考核制度。2016 年 12 月，中共中央、国务院印发了《生态文明建设目标评价考核办法》。文件明确指出：

---

① 中共中央文献研究室．习近平关于社会主义生态文明建设论述摘编［M］．北京：中央文献出版社，2017：110-111．

“生态文明建设目标评价考核实行党政同责，地方党委和政府领导成员生态文明建设一岗双责，按照客观公正、科学规范、突出重点、注重实效、奖惩并举的原则进行。”[①] 为此，我们将生态文明建设的目标指标纳入党政领导干部的评价考核体系。

目前，在推进环境治理和社会治理的进程中，中国逐渐加强了党政主体责任机制建设，明确要求地方各级党委和政府必须将保护生态环境、加强生态文明建设作为一种政治责任。在此基础上，这种政治责任包括以下几个层面：（1）中央和国家机关的有关部门需要制定生态环境保护责任清单，制定生态环境保护年度工作计划与措施，积极承担本部门规划、领导、监督、统筹等相关职责；（2）地方党委以及各级政府对本行政区域的生态环境质量和生态环境保护工作负责，与此同时，地方党政负责人为其行政区域生态环境保护的第一责任人；（3）地方各相关部门具有“守土有责、守土尽责，分工协作、共同发力”的基本职责，且必须就本地区本部门的落实情况向党中央和国务院做年度报告。这样，通过总体规划和层层分解，对党政主体的生态环保责任予以明确界定，便于清晰权责、取得成效。

（二）建立环境保护督察体系

环境保护督察体系的建立，会涉及多部门，需要从机构设定和督察方案等多方面做工作。在机构设定方面，环保督察机构地位不断提升。2017 年 11 月，中央机构编制委员会将环境保护部原来的六大环境保护督察中心升格为六大区域督察局，单位性质由原来的事业单位转变为环境保护部派出行政机构，从而解决了原来督察中心的执法身份问题，有力地提升了督察部门监督执法的权威性和有效性。此外，2018 年，应国务院各机构“三定”（定职能、定机构和定编制）方案要求，生态环境部内还设立了中央生态环境保护督察办公室，其主要职能为监督生态环

---

① 中共中央办公厅，国务院办公厅. 生态文明建设目标评价考核办法［EB/OL］. http://www.gov.cn/xinwen/2016－12/22/content_5151555.htm.

境保护党政同责、一岗双责的落实情况，并对涉及生态环境保护监督制度、工作计划以及实施方案等工作进行组织和实施，承担中央层面生态环境保护督察组织和协调工作。此外，省级地区参照中央的环保督察模式也都建立了各自的省级生态环境保护督察制度。这样，就形成了相对完善的中央和省级环境保护督察体系；共同构建国家环境保护督察体系，为打造系统的生态责任体系提供了有力保障。

从督察方案来看，在组织、指向以及内涵等方面，生态环保督察影响力也日渐加强。党的十八大以来，以习近平同志为核心的党中央大力推动生态文明体制改革。2015 年 7 月，中央全面深化改革领导小组第十四次会议审核通过了《环境保护督察方案（试行）》，明确建立环保督察机制。这是中央推进生态文明建设的一项重大制度安排，也是一项环境保护领域的重要创新举措。2015 年 12 月，中央环保督察在河北省首次开展了环境保护试点督察。至 2017 年底的两年内，通过督察、交办、巡查、约谈以及专项督查等多种督察形式，就重点区域、重点领域和行业进行专项督查，实现了对全国 31 个省（自治区、直辖市）的环保督察全覆盖。环保督察成效显著，立案处罚涉及损害生态环境单位 2.9 万家，罚款约 14.3 亿元；问责党政领导干部约 18 199 人；在全社会有效传导了环保压力，有力推动保护生态环境成为一项经济社会发展的重要议题。在此基础上，地方各级党委和政府逐渐认识到保护生态环境的重要性，从而进一步树立了生态优先和绿色发展的理念。2018 年，环保部门通过对环保督察整改情况实行“回头看”，进一步巩固和完善了生态环境督察机制的成效。

（三）建立生态政绩考评体系

2018 年 6 月，在中共中央、国务院《关于全面加强生态环境保护 坚决打好污染防治攻坚战的意见》中，对于全面加强党对生态环境保护的领导、强化考核问责方面做了进一步的规定。生态政绩考评机制就是要对中央和国家机关相关部门就污染防治攻坚战成效进行考核，对省（自治区、直辖市）的党委、人大和政府就本行政区域的污染防治攻坚战情况、生态环保立法与执法情况、生态环境保护年度目标任务完成情况、实际生态环境质量状况、生态环保资金投入与使用情况、公众对其环保满意程度等进行考核，并纳入领导班子和领导干部的综合考核评价，成为其奖惩任免的依据之一。通过促进地方各级党委和政府领导干部树立正确的绿色政绩观，推动经济、社会和环境实现科学发展。

（四）建立生态责任追究体系

近年来，中共中央、国务院通过了一系列政策和文件，建立和完善了生态责任追究体系。2015 年出台的《关于加快推进生态文明建设的意见》，要求建立和完善生态文明建设的责任追究制度，要在领导干部任期内建立生态文明建设责任制，对于其完善节能减排目标推行责任考核和问责制度；与此同时，探索编制自然资源资产负债表，对领导干部实行自然资源资产和环境责任的离任审计。自然资源资产负债表目前在国外尚无明确前例可循，因此，对于中国而言，它是生态文明制度建设的一次重要探索和创新。自然资源资产负债表主要通过量化自然资源开发或保育的负债及权益，摸清自然资源资产及其变动情况；可以通过整体设计，关联资源环境生态管控红线，并作为对领导干部进行自然资源资产离任审计以及生态环境损害责任追究的重要依据。因此，这一系列制度有利于扭转以往“唯 GDP”是从的发展理念，倒逼党政领导干部承担自然资源与生态环境保护的职责。与此同时，中共中央、国务院审议通过《生态文明体制改革总体方案》，进一步要求打造能够充分反映资源消耗、环境损害以及生态效益的生态文明绩效评价考核以及责任追究制度，以着力解决地方发展绩效评价体系不健全、生态环保责任落实不到位、生态环境损害责任追究缺失等问题。从一系列重要文件的形成以及重大制度的确立，可以看到党和国家对于生态环境保护的重视。

为进一步强化和落实党政领导干部保护资源和生态环境的职责，中共中央办公厅和国务院办公厅在 2015 年 8 月印发了《党政领导干部生态环境损害责任追究制度（试行）》，用来规范和落实生态环境损害责任终身追究制度。文件明确要求地方各级党委和政府对当地资源和生态环境负总责，党政主要领导成员承担主要责任，其他领导成员承担各自职责范围内的相应责任，并对应当追究的责任进行了详细规定。作为推动生态文明建设的专项配套文件，这体现了党和政府对于建设生态文明高度负责任的勇气与决心，也标志着中国的生态文明建设进入了实质的问责阶段。

总之，党的十八大以来，从党政同责、一岗双责到环保督查，从构建生态政绩考评体系到严肃问责追责等制度实践，都证明中国的执政党和政府已经将生态文明建设视为一种义不容辞的政治责任。通过大力构建生态文明建设的目标责任体系，推动生态环境保护与生态文明建设取得扎实成效，进而实现公众预期和经济、社会与环境的真正进步。

第 4 节　大力构建生态文明制度体系（上）

实现生态文明领域国家治理体系和治理能力现代化，必须建立系统而完备的生态文明制度体系。所谓生态文明制度，主要指的是一系列用于引导、支撑和保障生态文明建设的规范和准则。党的十八大以来，我们在建立生态文明制度体系方面取得了突破性进展，为生态文明建设提供了有力的制度支撑和保障。

一、建立生态文明制度体系的主要依据

在生态治理中，制度具有根本性、全局性、稳定性、长期性的特征，因此，必须将建立系统而完备的生态文明制度体系作为构建生态文明体系的主要任务。

第一，建立生态文明制度体系的理论依据。在党的十八大报告中，将生态文明制度建设作为建设生态文明的基本任务之一。2013 年 5 月 24 日，习近平同志在党的十八届中央政治局第六次集体学习时指出：“从制度上来说，我们要建立健全资源生态环境管理制度，加快建立国

土空间开发保护制度，强化水、大气、土壤等污染防治制度，建立反映市场供求和资源稀缺程度、体现生态价值、代际补偿的资源有偿使用制度和生态补偿制度，健全生态环境保护责任追究制度和环境损害赔偿制度，强化制度约束作用。”① 在 2018 年的全国生态环境保护大会上，习近平同志进一步强调，新时期加强生态文明建设的基本原则之一，就是用最严格的制度和最严密的法治保护生态环境，同时，积极推动制度创新并强化制度执行，使生态文明制度体系成为构建生态文明的刚性约束。

第二，建立生态文明制度体系的实践依据。新中国成立以来，我国在推进生态保护和环境治理的进程当中，先后建立了一系列制度，构成了中国特色的生态文明制度体系。1973 年，国务院下发《关于保护和改善环境的若干规定》，其中提出了“三同时”制度，即建设项目中环境保护设施必须与主体工程同步设计、同时施工、同时投产使用。这是我国出台最早的环境管理制度，也是预防为主的环保思路和政策的重要体现。1983 年第二次全国环境保护会议，将环境保护确立为基本国策，并进一步制定了经济建设、城乡建设和环境建设同步规划、同步实施和同步发展的方针，以及“预防为主，防治结合”、“谁污染，谁治理”、“强化环境管理”三大政策，进一步规划了当时的环境保护制度体系，推动我国环境保护事业的发展和进步。1989 年第三次全国环境保护会议，进一步总结了新中国成立以来我国的环保工作经验，提出了新的五项制度，即环境保护目标责任制、城市环境综合整治定量考核制、排放污染物许可证制、污染集中控制以及限期治理制度。这次会议强调要加强制度建设、促进经济社会的协调发展。这一时期的环境管理制度对治理环境起到了重要的保障作用，但更多地属于依靠行政手段的范畴。随着我国治理环境能力的不断提升，环境治理制度逐渐开始更多地依靠法律、经济等手段，例如环境影响评价制度的不断完善、生态补偿制度的确立

① 中共中央文献研究室．习近平关于社会主义生态文明建设论述摘编［M］．北京：中央文献出版社，2017：100.

等等，有效地保障了环境治理和生态保护事业。生态文明建设事业的不断深化呼唤更加系统完善的生态文明制度体系为这一事业保驾护航。

总之，生态环境制度在生态文明建设当中处于突出地位，为生态文明建设提供了有力的支撑和保障。

二、建立生态文明制度体系的主要任务

党的十八大以来，中国在推进生态文明制度化建设方面，做出了一系列规划性、开创性和根本性的长远布局。2013 年，党的十八届三中全会公报明确提及，建设生态文明必须建立起一套系统完整的生态文明制度体系，需要用制度来保护生态环境。2015 年，在《中共中央 国务院关于加快推进生态文明建设的意见》中，则将建立健全生态文明制度体系作为重点，要求建立起源头预防、过程控制、损害赔偿、责任追究的生态文明制度体系。同年，《生态文明体制改革总体方案》要求到 2020 年，打造包括自然资源资产产权制度、国土空间开发保护制度、空间规划体系、资源总量管理和全面节约制度、资源有偿使用以及生态补偿制度、环境治理体系、环境治理以及生态保护市场体系、生态文明绩效评价考核及责任追究制度等八项制度在内的相对完善的产权清晰、多元参与、激励约束并重且系统完整的生态文明制度体系，将其作为生态文明体制改革的总体目标。

第一，从对象和领域来看，生态文明制度包括生态安全制度、资源制度、能源制度、环境制度等。生态文明所涉及的对象和领域，基于自然要素所并存的系统构成，具体包括生态、资源/能源以及环境，因此，建设生态文明是一项系统工程。生态文明制度体系，需要构建能够实现生态系统稳定、资源/能源供给永续和环境功能良好的保障性制度。生态安全制度，涉及生态保护红线制度、国土空间开发保护制度等；资源/能源制度，涉及自然资源有偿使用制度、自然资源资产产权制度等；环境制度，涉及环境影响评价（评估）制度、环境信息公开制度等。因此，需要按照生态文明建设的对象与领域，建构起确保实现生态安全、资源和能源能够有效供给、环境支持功能良好的生态文

明制度体系。

第二，从过程和阶段来看，生态文明制度包括源头控制制度、过程管理制度、后果反馈制度等。生态文明建设需要实现全程治理，从源头控制到过程管理，再到结果反馈，才能实现全方位、科学化的系统治理。就源头控制来说，需要构建生态文明标准体系、国家生态安全体系等制度；就过程管理来说，需要构建生态环境监管制度、环保督察制度等；就后果反馈来说，需要构建生态环境损害赔偿制度、生态文明绩效评价制度等。因此，这一系列生态文明制度体系的核心作用就是通过过程管理，实现人（社会）与资源（能源）和环境（生态）之间的良性互动和动态平衡。

第三，从政策环节和部门来看，生态文明制度包括决策制度、执行/管理制度、责任制度等。生态文明建设考察的是生态治理的能力与水平，涉及决策、执行/管理以及责任归属等不同的实施部门和考察指标。既包括宏观性的制度，如制定生态文明标准体系、国家生态安全体系等，也包括具体的执行和管理制度，如自然资源用途管制制度、生态修复制度等，还包括生态文明建设的责任体系，如自然资源资产离任审计、生态文明责任追究制度等。通过顶层决策、具体执行到责任管控，实现对生态文明建设的多部门、全过程的支撑和保障。表 4－1 呈现了生态文明制度体系的具体内容。

表 4－1　　　　生态文明制度体系

	决策制度	执行/管理制度	责任制度
资源管理	生态文明标准体系	• 自然资源资产产权制度 • 自然资源用途管理制度 • 自然资源有偿使用制度 • 自然资源资产负债表	自然资源资产离任审计
生态管理	生态文明统计监测制度（生态文明综合评价指标体系）	• 国土空间开发保护制度 • 生态保护红线制度 • 耕地草原森林河流湖泊休养生息制度 • 生态修复（恢复）制度 • 生态补偿制度	• 生态环境损害赔偿制度 • 生态文明责任追究制度

续前表

	决策制度	执行/管理制度	责任制度
环境管理	国家生态安全体系	• 环境治理体系 • 环境影响评价（评估）制度 • 生态保护修复和污染防治区域联动机制 • 环境信息公开制度 • 生态环境监管制度 • 最严格的生态环境保护制度 • 环保督查制度 • 环境保护公众参与制度	• 生态文明绩效评价制度 • 环保信用评价制度

资料来源：黎祖交．生态文明关键词［M］．北京：中国林业出版社，2018：503．此处略做补充。

总之，生态文明制度体系是一个复杂的整体。只有综合发挥其整体作用，才能推进生态文明建设。

三、建立生态文明制度体系的主要举措

为探索建立生态文明制度体系，党的十八大以来，中国推动了一系列法律、制度和政策的出台，以实施并推进生态文明制度的实践。截至目前，中国已经制定、出台并修订完善了一系列生态文明建设方面的制度规定与法律法规（见表4－2），不断完善生态文明制度体系，推动生态治理能力不断提升。

表4－2　党的十八大以来落实和保障生态文明制度体系的主要配套法律、制度及政策

	配套法律/制度/政策	发布机构	发布时间
资源管理	《编制自然资源资产负债表试点方案》	国务院办公厅	2015年11月8日
	《自然资源统一确权登记办法（试行）》	国土资源部、中央编办、财政部、环境保护部、水利部、农业部、国家林业局	2016年12月20日
	《关于全民所有自然资源资产有偿使用制度改革的指导意见》	国务院办公厅	2016年12月29日
	《领导干部自然资源资产离任审计暂行规定（试行）》	中共中央办公厅、国务院办公厅	2017年11月28日
	《生态文明建设标准体系发展行动指南（2018—2020年）》	中国国家标准化管理委员会	2018年6月6日
	《关于统筹推进自然资源资产产权制度改革的指导意见》	中共中央办公厅、国务院办公厅	2019年1月23日

续前表

	配套法律/制度/政策	发布机构	发布时间
生态管理	《党政领导干部生态环境损害责任追究办法（试行）》	中共中央办公厅、国务院办公厅	2015 年 8 月 17 日
	《关于健全生态保护补偿机制的意见》	国务院办公厅	2016 年 5 月 13 日
	《“十三五”生态环境保护规划》	国务院办公厅	2016 年 11 月 15 日
	《耕地草原河湖休养生息规划（2016—2030 年）》	国家发展改革委、财政部、国土资源部、环境保护部、水利部、农业部、国家林业局、国家粮食局	2016 年 11 月 18 日
	《湿地保护修复制度方案》	国务院办公厅	2016 年 11 月 30 日
	《生态文明建设目标评价考核办法》	中共中央办公厅、国务院办公厅	2016 年 12 月 2 日
	《绿色发展指标体系》 《生态文明建设考核目标体系》	国家发展改革委、国家统计局环境保护部、中央组织部	2016 年 12 月 12 日
	《全国国土规划纲要（2016—2030 年）》	国务院办公厅	2017 年 1 月 3 日
	《关于划定并严守生态保护红线的若干意见》	中共中央办公厅、国务院办公厅	2017 年 2 月 7 日
	《海岸线保护与利用管理办法》	国家海洋局	2017 年 3 月 31 日
	《关于完善主体功能区战略和制度的若干意见》	中央全面深化改革领导小组第三十八次会议审议通过	2017 年 8 月 29 日
	《生态环境损害赔偿制度改革方案》	中共中央办公厅、国务院办公厅	2017 年 12 月 17 日
	《建立市场化、多元化生态保护补偿机制行动计划》	国家发展改革委、财政部、自然资源部、生态环境部、水利部、农业农村部、人民银行、市场监管总局、国家林草局	2018 年 12 月 28 日
	《关于建立国土空间规划体系并监督实施的若干意见》	中央全面深化改革委员会第六次会议审议通过	2019 年 1 月 23 日
	《关于建立以国家公园为主体的自然保护地体系指导意见》	中央全面深化改革委员会第六次会议审议通过	2019 年 1 月 23 日

续前表

	配套法律/制度/政策	发布机构	发布时间
环境管理	《大气污染防治行动计划》	国务院办公厅	2013年9月10日
	《企业环境信用评价办法（试行）》	环境保护部、国家发展改革委、中国人民银行、银监会	2014年1月2日
	《企业事业单位环境信息公开办法》	环境保护部	2015年1月1日
	《水污染防治行动计划》	国务院办公厅	2015年4月2日
	《环境保护督察方案（试行）》	中央全面深化改革领导小组第十四次会议审议通过	2015年7月1日
	《环境保护公众参与办法》	环境保护部	2015年7月13日
	《关于加强企业环境信用体系建设的指导意见》	环境保护部、国家发展改革委	2015年12月15日
	《土壤污染防治行动计划》	国务院办公厅	2016年5月18日
	《中华人民共和国环境影响评价法》	十二届全国人大第二十一次会议修订	2016年7月2日
	《关于省以下环保机构监测监察执法垂直管理制度改革试点工作的指导意见》	中共中央办公厅、国务院办公厅	2016年9月22日
	《关于建立资源环境承载能力监测预警长效机制的若干意见》	中共中央办公厅、国务院办公厅	2017年9月20日
综合管理	《中共中央关于深化党和国家机构改革的决定》	十九届三中全会通过	2018年2月28日
	《国务院机构改革方案》	十三届全国人大一次会议批准	2018年3月17日
	《深化党和国家机构改革方案》	十九届三中全会通过	2018年3月21日
	《关于全面加强生态环境保护 坚决打好污染防治攻坚战的意见》	中共中央办公厅、国务院办公厅	2018年6月16日
	《全国人民代表大会常务委员会关于全面加强生态环境保护依法推动打好污染防治攻坚战的决议》	全国人民代表大会常务委员会	2018年7月10日

建设生态文明是关系社会生产、公众生活以及价值理念的一场变革，需要精准的制度设计和严密的法治作为保障。党的十八大以来，通过完善制度设计，中国扎实推进生态文明制度体系建设，从而进一步发挥生态文明制度体系对于生态文明建设的保障作用，进一步丰富和完善了生态文明体系。

第 5 节　大力构建生态文明制度体系（下）

建立健全环境治理体系、增强环境治理能力，是实现生态文明领域国家治理现代化的重要环节，是生态文明制度建设的重要内容。党的十九大报告中明确提及，要着力解决突出环境问题，需要坚持全民共治，构建“政府为主导、企业为主体、社会组织和公众共同参与的环境治理体系”①。在加强生态文明制度建设的过程中，我国不断建立健全环境治理体系，为推动生态文明建设提供了强大的社会动力。

一、建立环境治理体系的主要依据

无论是从理论上来看还是从实践上来看，建立和健全环境治理体系具有重大的意义和价值。

第一，建立环境治理体系的理论依据。2015 年 9 月，中共中央和国务院印发《生态文明体制改革总体方案》，强调要建立健全环境治理体系。2017 年 10 月，党的十九大报告进一步强调，必须着力解决突出的环境问题，必须构建以政府为主导、企业为主体、社会组织和公众共同参与的环境治理体系。2018 年 5 月 18 日，习近平同志在全国生态环境保护大会上提出：“生态文明是人民群众共同参与共同建设共同享有的事业，要把建设美丽中国转化为全体人民自觉行动。每个人都是生态环

① 习近平. 决胜全面建成小康社会 夺取新时代中国特色社会主义伟大胜利：在中国共产党第十九次全国代表大会上的报告［N］. 人民日报，2017-10-28（4）.

境的保护者、建设者、受益者，没有哪个人是旁观者、局外人、批评家，谁也不能只说不做、置身事外。要增强全民节约意识、环保意识、生态意识，培育生态道德和行为准则，开展全民绿色行动，动员全社会都以实际行动减少能源资源消耗和污染排放，为生态环境保护作出贡献。”① 2018 年 6 月，中共中央、国务院印发《关于全面加强生态环境保护 坚决打好污染防治攻坚战的意见》。这一文件重点谈及改革和完善生态环境治理体系的内容，旨在不断提升环境治理能力。总体来看，目前中国的环境治理体系建设的内涵十分丰富，从治理主体的多元化到治理手段的多样化，都显示了中国在推进生态治理和环境保护进程中的能力和决心。

第二，建立环境治理体系的实践依据。环境治理体系的构建，既是国家治理体系与治理能力现代化的重要构成，也是我国建设生态文明的基本内容。在打造环境治理体系方面，不少发达国家已经取得了比较好的成效，可资借鉴。例如，自 20 世纪 90 年代开始，日本积极制定环境计划并鼓励和引导多元主体参与环境治理。日本政府根据 1993 年通过的《环境基本法》，自 1994 年制定第一个环境基本计划开始，每五年左右会修订一次，提出不同的理念、政策和规划。1994 年第一个环境基本计划提出“循环、共生、参与和国际相关事务”的理念，希望吸引所有的人参与到环保当中。2006 年第三个环境基本计划则向市民和企业等各主体发出号召，引入污染者负担和扩大生产者责任等原则；强调各主体联合协作，由国家和地方政府分担各自的职责，通过非营利组织（NPO，截至 2012 年日本以倡导环保为目标的团体超过 12 000 个）等国民自发开展的新社会运动，加强合作；促进政府部门与国民的交流，促进组织和个人参与到环境实施策略当中。通过这些计划，明确规定了国民、民间团体、企业和地方政府的各自作用，打造了较为完善的环境治理体系。在实践中，我国环境治理体系的建立需要引导多元主体积极参与。多元环境治理体系的构建，有利于将全社会的人员和力量都调动起

① 习近平．推动我国生态文明建设迈上新台阶［J］．求是，2019（3）．

来，形成社会合力，这既是环境治理体系和治理能力现代化的需要，也是中国特色社会主义生态文明建设的题中之义。构建以政府为主导、企业为主体、社会组织和公众共同参与的环境治理体系，意味着中国将改变传统的以政府为治理主体的管理模式，转而通过一系列治理机制的建设，如政府环境监管水平及机制建设、企业环境治理能力及机制建设、社会和公众参与体系及机制建设，积极鼓励和引导企业、环保民间组织与公民个人参与到环境治理当中。通过建构政府、企业与社会（公众）共治的绿色行动体系，加强环境治理，促进绿色生产与绿色生活方式的建立。

总之，在建立健全环境治理体系的过程中，积极调动社会的整体力量，有利于积极发挥社会力量，促进人与自然和谐共生。

二、建立环境治理体系的主要任务

建立环境治理体系，实际上要打造的是两方面的体系内容。一方面，是环境治理的参与体系。这意味着由谁来参与环境治理，需要治理主体的多元化、丰富化。为此，需要打造党的十九大所提出的“政府为主导、企业为主体、社会组织和公众共同参与的环境治理体系”。多方参与环境治理，各尽所能，促进环境治理主体多元化。另一方面，是环境治理的实践体系。这意味着怎样开展环境治理，即环境治理能力如何打造和提升，以达到治理环境的目的。随着环境治理体系日益系统化与完整化，中国也在不断提升环境治理能力和生态文明建设水平。这样，就形成了全民参与、综合治理的环境治理局面。

第一，加强政府在环境治理中的主导作用。中国共产党将良好的生态环境视为实现中华民族永续发展和增进民生福祉的内在要求。近年来，我国政府不断加强生态环境保护、开展污染防治攻坚战。一方面，政府不断完善自身管理体制建设，努力打造绿色型政府，从政绩评价模式、政策法规建设、环境治理手段等多方面加强环境治理能力建设。另一方面，积极转变自身定位，从以往环境治理的管理者身份转向环境治理的主导者，将企业、社会组织等更多的社会要素引入环境治理体系，不断完善环境治理机制。

第二，促进企业在环境治理中发挥主体作用。企业既有可能是污染环境的主要源头，也有可能是绿色发展的不竭动力。即企业既是市场上的经济行为主体，也是环境治理体系中的环境行为主体，同时也是承担社会责任的社会主体之一。因此，企业理应在环境治理体系中发挥重要的参与和支撑作用。一方面，强化企业参与环境保护的基本责任，划定企业参与环境治理的底线。2014 年修订的《中华人民共和国环境保护法》中，对于企业的环境保护责任予以明确规定，包括建立环境保护制度、减少环境危害和污染、依法合规排放污染物、依法缴纳排污费、制定针对突发环境事件的应急预案、重点排污单位需安装和使用监测设备、公开环境信息、接受现场监督以及实施清洁生产九大责任。通过法律形式确定企业在环境治理中的基本责任，可以依法促进企业加强环境污染的源头预防和控制，为整个环境治理体系把好基础关。

另一方面，引导企业通过技术创新，促进生产和经营不断走向绿色化；通过产业结构和生产方式的绿色化，带动整个社会的绿色发展。为激励企业绿色生产、节能减排，2018 年 1 月 1 日，《中华人民共和国环境保护税法》正式实施。依据新颁布的环保税法，改变了之前征收排污费的举措，依法征收环境保护税，征收对象与范围同以往基本相同。此前，中国的排污费制度只规定了一档减征政策，即排污单位所排放大气或水污染物的浓度值低于国家或地方所规定排放值 50%以上者，减半征收排污费。而新实施的环保税法则规定了两档减税优惠，纳税人的排污浓度值低于规定排放标准 30%者，减按 75%予以征税；纳税人的排污浓度值低于规定排放标准 50%者，减按 50%予以征税。环保税法的颁布有利于激励企业提升工业水平、减少对生态环境的污染，体现了中国推进环境治理体系与治理能力现代化的能力与决心。

第三，引导社会组织在环境治理中努力发挥协同作用。环境治理需要社会组织积极参与并发挥协同作用。一方面，社会组织本身介于政府与企业之间，可以有效发挥第三方的力量参与环境治理和生态保护工作，从而协调政府与企业之间的关系。另一方面，环境治理是政府职责也是社会事务，生态文明建设与社会建设是相辅相成的关系。中国的环境治理旨在打造生态文明，促进生态共享，将良好的环境质量构建为民生福祉。目前，环境治理的参与主体涉及环保民间组织（如环境非政府组织），工青妇（工会、共青团、妇联）等人民团体，以及一些行业协会等。

其一，环保民间组织是社会组织参与环境治理的中坚力量之一。1994 年，自然之友成立，这是中国大陆地区第一家环保社会组织。几十年来，中国的环保社会组织已经迅速发展至数千家，活动领域从开展环境教育到开展社会监督，从为国家环保事业建言献策到维护公众环境权益，环保社会组织活跃在建设生态文明、维护公众环境权益的前沿。2014 年，新修订的《中华人民共和国环境保护法》规定了公益诉讼制度，设区的市级以上、于政府民政部门登记的社会组织，可以成为环境公益诉讼的主体。这意味着在中国有多达 700 余家环保社会组织具备了法定起诉资格，大大提升了环保组织的监督能力以及参与环境治理的能力。此外，中国的环保社会组织在开展环境教育和宣传、引导公众科学理性参与环保等方面都发挥了不可或缺的作用，有效构成了环境治理体系中的重要一环。

其二，工青妇等人民团体具有牢固的群众基础以及广泛的社会联系网络，有利于发动公众积极参与环境治理，在治理实践中积极发挥作用。此外，行业协会也构成了中国目前参与环境治理的新生力量。行业协会通过成立环保自查自纠的监督小组，吸纳行业内部企业中的环保业务骨干或企业负责人等，担负第三方监管责任。这部分成员往往熟悉行业运作、了解行业污染情况以及环保业务知识，因而可以较为便利地开展检查和监督工作。行业协会通过这种形式，有效参与企业环境治理，拓宽了社会组织参与环境治理的渠道。

第四，鼓励公众在环境治理中积极发挥参与作用。从 1994 年颁布《中国 21 世纪议程》至今，中国以法律或文件等形式规范公众参与环境保护的内容和方式，奠定了公众参与环境治理的政策基础。2014 年，环境保护部专门出台《关于推进环境保护公众参与的指导意见》，通过加强宣传动员、推进环境信息的公开、畅通公众参与表达和诉求渠道以及完善法律法规等方式，推动公众参与环境治理体系建设。此外，对于环境法规与政策的制定、环境决策、环境监督、环境影响评价以及环境宣传教育等重点领域，加强公众参与力度，共同推进环境治理能力建设。积极推动公众参与环境治理，有利于维护人民群众环境权益、创新环境治理机制并提升环境治理能力，从而进一步丰富和完善环境治理体系建设。

在总体上，中国的环境治理体系是以综合治理以及全民共治为基本特征的，在依法治国的总体框架下，在党的领导下，发挥政府、企业、社会组织与公众不同要素的作用，共同推进环境治理体系与治理能力现代化。

三、建立环境治理体系的主要举措

打造中国特色的环境治理体系，需要构建并完善全面治理与综合治理的治理体系，进而促进环境治理体系和治理能力的现代化。为此，需要打造包括生态环境保护经济政策体系、生态环境监督和质量管理体系、生态环境保护法治体系和生态环境保护能力保障体系等在内的综合性治理体系。

（1）健全生态环境保护经济政策体系，加强市场参与环境治理能力建设。党的十八大以来，中国不断加强环境经济政策的改革与创新。党的十九大进一步明确了环境治理体系以及环境管理制度的建设方向，为未来的环境经济政策提供了进一步的指导和发展方向。

第一，大力完善财政资金投入机制。节能环保作为环境治理的重点领域，财政支出逐年攀升。2017 年 1—11 月，中国节能环保支出 4 506 亿元，同比增长 16.75%；2018 年 1—11 月，中国节能环保支出总额为 4 876 亿元，同比增长 8.2%。表 4-3 对 2013—2017 年中国节能环保领域的重点项目，包括污染防治、污染减排、环境监测与监察以及循环经济等领域的财政预算支出决算数据做出统计。数据表明，中国政府在节能环保领域的财政支持保持连年稳定，不断加大环境治理和生态文明建设的力度。

表4-3　中国节能环保预算支出决算数据表　单位：亿元人民币

年份	领域	预算数	决算数
2017	污染防治	1 500.84	1 883.02
	污染减排	333.58	306.52
	环境监测与监察	63.66	71.79
	循环经济	64.72	67.33
2016	污染防治	1 394.08	1 447.55
	污染减排	335.18	315.28
	环境监测与监察	56.32	63.31
	循环经济	71.06	61.62
2015	污染防治	1 133.79	1 314.16
	污染减排	326.33	315.48
	环境监测与监察	52.66	55.22
	循环经济	60.54	71.72
2014	污染防治	959.38	1 084.54
	污染减排	356.19	299.15
	环境监测与监察	44.63	49.37
	循环经济	—	—
2013	污染防治	895.34	904.79
	污染减排	379.81	327.41
	环境监测与监察	41.24	43.85
	循环经济	—	—

注：2013—2014年全国一般公共预算支出决算数据中未单独计算循环经济项。

数据来源：财政部. 全国一般公共预算支出决算表2013—2017［EB/OL］. http://yss.mof.gov.cn/zhengwuxinxi/caizhengshuju/.

党的十八大以来，我国财政支出结构做出进一步调整，向环境保护、生态修复以及绿色发展等领域重点倾斜，不断加大对环境治理领域的财政支持力度。截至2018年第三季度，累计投入达1.16万亿元，平均每年增长15.7%左右，保证了节约能源、环境保护专项资金的稳定性。2017年，中央财政针对环保专项资金规模达497亿元，重点围绕以下领域展开：大气、水和土壤污染防治以及山水林田湖草生态修复、农村环境整治等。2018年，中央财政在大气、水和土壤污染防治领域专项投入资金安排合计达405亿元，同比增长19%，为近年来力度最大的一年。同年，《中共中央 国务院关于全面加强生态环境保护 坚决打好污染防治攻坚战的意见》发布，要求必须打好污染防治攻坚战，到2020年，中国的生态环境质量实现总体改善，且主要污染物排放总量实现大幅降低，以及环境风险得到切实管控。因此，稳定的财政资金投入制度对于加强环境治理、建成美丽中国都具有重要而深远的意义。

第二，努力打造绿色经济体系，发展绿色金融。党的十八大以来，中国不断加强绿色金融体系建设。为规范和推动绿色信贷政策的发展，中国银监会先后出台了《绿色信贷指引》（银监发〔2012〕4号）和《绿色信贷统计制度》（银监办发〔2013〕185号）等绿色信贷政策，促使中国绿色金融市场实现快速增长。目前，中国的绿色信贷主要包括两方面，其一为支持新能源、节能环保以及新能源汽车三大战略性新兴产业的贷款；其二为涉及环保项目及服务类贷款，如自然保护、生态修复以及绿色交通运输等。2013年末，中国的绿色信贷规模达5.2万亿元人民币，至2017年底，绿色信贷规模已经超过8万亿元人民币。在绿色信贷构成中，可再生能源和清洁能源、绿色交通以及工业节水节能环保项目的贷款余额较大，并且增长幅度居于前列。

当前，建立健全绿色金融体系已经成为国家经济社会发展的基础战略之一。《中华人民共和国国民经济和社会发展第十三个五年规划纲要》明确提出，要建立绿色金融体系，发展绿色信贷、绿色债券，设立绿色发展基金。2016年8月，中央全面深化改革领导小组第二十七次会议审议通过了《关于构建绿色金融体系的指导意见》。此次会议强调中国要积极发展绿色金融，并将其作为绿色发展的重要措施，以及推动供给侧改革的重要内容。与此同时，利用绿色信贷、绿色债券、绿色发展基金以及绿色保险等金融工具以及相关政策，为绿色发展服务。2016年8月31日，经国务院同意，中国人民银行、财政部、环境保护部、银监会等部委联合印发了《关于构建绿色金融体系的指导意见》，旨在抑制污染型投资并激励社会资本更多注入绿色产业，构建绿色金融体系。这一文件的出台，标志着中国成为全球第一家由政府积极推动并发布政策大力支持绿色金融体系建设的经济体，在此基础之上，中国将建立起较为完整的绿色金融政策体系。2017 年 1 月，国务院印发了《“十三五”节能减排综合工作方案》，明确提出要健全绿色金融体系，并加强对于绿色金融体系的顶层设计，不断推进绿色金融业务实现创新。同年 6 月，中国人民银行、银监会、证监会、保监会以及国家标准化管理委员会联合发布《金融业标准化体系建设发展规划（2016—2020）》，将绿色金融标准化工程建设列为“十三五”时期中国金融业标准化工程建设的重点内容之一，从而推动中国的绿色金融朝标准化、体系化方向不断迈进，为推动中国环境治理体系现代化提供了有力的经济政策支撑。2017 年 10 月，党的十九大报告明确提出要发展绿色金融，并将其作为促进绿色发展的重要途径之一。尽管中国的绿色金融实践还处于发展和探索阶段，但是社会资本参与绿色投资的市场强劲，因此，国家的规划和政策引导将非常有利于搭建金融业和环境产业的桥梁，进而推动环境治理体系和治理能力现代化。

第三，实行绿色税费改革，出台环境治理激励政策。中国于 2016 年 7 月 1 日开始在河北省率先实行水资源税改革试点；2017 年 11 月，财政部、税务总局和水利部联合印发《扩大水资源税改革试点实施办法》，将水资源税改革试点扩大到北京市、天津市等 9 地。水资源税试点改革目前初见成效，有利于进一步完善资源有偿使用制度以及生态补偿制度，增强企业和社会的简约适度、节约资源的意识和动力，进而推动绿色生产和绿色消费。2018 年开始实施的《中华人民共和国环境保护税法》则以法律的形式，通过经济手段，鼓励企业创新技术、实现绿色生产，加强污染防治并投身环境治理。通过一系列绿色税费改革，进一步巩固了中国目前的环境治理制度，进一步丰富和完善了环境治理体系。

（2）完善生态环境监管体系，加强政府环境治理能力建设。环境治理体系的建构，需要政府积极发挥主导作用，打造严格的生态环境监管体系；通过整合生态环境保护职责，强化对于污染防治、生态保护和生态修复的统一监管，形成政府、企业和社会（公众）共治的体系。

在纵向上，建立和完善环境监管体制，形成中央到地方的垂直环境监管体系。首先，中国积极推动部制改革，实行对生态环境的统一监管。2018年中共中央印发《深化党和国家机构改革方案》，其中明确指出，必须着力解决突出的环境问题，整合原有分散的生态环境保护职责，以及统一行使生态领域、城乡各类污染排放的监管和行政执法职责，同时，加强对于环境污染的治理，积极保障国家生态安全。因此，在2018年国家机构改革中，在环境保护部职责的基础上，对原有几个部委的相关领域职责进行科学整合，组建生态环境部，作为国务院的组成部门。新组建的生态环境部主要职责为拟定、组织和实施有关生态环境的政策、标准和规划，统一负责有关生态环境监测及执法工作，同时监督和管理污染防治等，并组织和开展中央环保督查等工作。这样，将生态环境进行统一监管，避免了政出多门、监管不力，有利于增强环境监管的执法权威，促进环境监管工作的科学和有效开展。其次，加强对于地方的生态环境监管制度设计，省级以下积极推进生态环境机构的监测、监察和垂直管理制度的改革，进一步完善农村地区的环境治理体制建设。由此，构筑起从中央到地方、从省级到农村级的纵向环境治理体系，实现环境治理能力的不断提升。

在横向上，加强区域流域生态环境监管，推动跨地区环境保护机构的试点建设，以及按流域和海域组建环境监管执法机构。2017年5月，中央全面深化改革领导小组第三十五次会议通过了《跨地区环保机构改革试点方案》，在京津冀和周边地区开展跨地区环保机构的试点，推动跨地区实现统一规划、统一制定标准、统一环境评价以及统一环境监测和环境执法，逐步建立区域环境治理的新格局。这在中国的环境治理体系建设中具有重要的意义，相当于在现有的中央环保机构与省级环保机构之间，构筑一道跨省环保机构，从而打造一个实体性环保执行机构，有利于进一步增强环保机构的环境治理能力。

与此同时，严格生态环境质量管理，强化生态环境治理力度。针对政府、行业/企业、社会等责任主体，设立不同的环境责任体系。就政府来讲，除了设立党政同责、一岗双责等领导干部责任制度，对于地方还要实行生态环境质量考核等制度，强化政府环境治理责任。对行业和企业，则通过排污许可证制度、环保信用评价、环境信息强制性披露以及严惩重罚等手段，使市场主体积极承担环境治理责任。就社会来讲，则需要加强环境监督等参与职能，进而形成政府、企业和社会共治的环境监管体系。

（3）完善生态环境保护法治体系，加强环境治理法治化建设。完善的环保法治体系为开展环境治理提供了制度支撑和法律保障。党的十八大以来，中国不断推进依法治国进程，与此同时，坚决依靠法治开展生态环境保护，并不断增强全社会的保护生态环境的法治意识。我国宪法明确规定："中国各族人民将继续在中国共产党领导下，在马克思列宁主义、毛泽东思想、邓小平理论、'三个代表'重要思想、科学发展观、习近平新时代中国特色社会主义思想指引下，坚持人民民主专政，坚持社会主义道路，坚持改革开放，不断完善社会主义的各项制度，发展社会主义市场经济，发展社会主义民主，健全社会主义法治，贯彻新发展理念，自力更生，艰苦奋斗，逐步实现工业、农业、国防和科学技术的现代化，推动物质文明、政治文明、精神文明、社会文明、生态文明协调发展，把我国建设成为富强民主文明和谐美丽的社会主义现代化强国，实现中华民族伟大复兴。"通过全面推进法治建设，有效保障环境治理。

第一，建立和完善法律制度和政策导向，推动绿色生产和绿色消费。目前，中国绿色生产领域已经实施的法律制度，主要以《中华人民共和国环境保护法》为主体法律，同时包括《中华人民共和国清洁生产促进法》（2012 年 2 月 29 日修正，2012 年 7 月 1 日起施行）、《中华人民共和国大气污染防治法》（2015 年 8 月 29 日修正，2016 年 1 月 1 日起施行）、《中华人民共和国水污染防治法》（2017 年 6 月 27 日修正，2018 年 1 月 1 日起施行）、《中华人民共和国固体废物污染环境防治法》（2016 年 11 月 7 日修正并施行）、《中华人民共和国土壤污染防治法》（2019 年 1 月 1 日起施行）等一系列涉及清洁生产的法律制度，为推动绿色生产打造良好的法治环境。在促进绿色消费领域，目前主要包括

《中华人民共和国消费者权益保护法》（2013 年修订，2014 年 3 月 15 日起施行）、《中华人民共和国节约能源法》（2016 年 7 月 2 日修正并施行）、《中华人民共和国政府采购法》（2014 年 8 月 31 日修正并施行）、《中华人民共和国政府采购法实施条例》（2015 年 1 月 30 日公布施行）、《绿色食品标志管理办法》（2012 年 10 月 1 日起施行）等一系列促进绿色消费的法律制度。此外，党的十八大以来，中共中央、国务院多次联合下发有关推进生态文明建设的文件，如《中共中央 国务院关于加快推进生态文明建设的意见》等。国务院 2013 年 1 月还印发了《循环经济发展战略及近期行动计划》，这是中国制定的首部循环经济发展战略规划，推动构建循环型服务业体系、有利于拉动绿色消费。其中，通过政策引导和扶持，实施循环经济“十百千”的示范行动，推动技术突破和管理创新，促进循环经济形成较大规模。通过一系列政策和规划，引导绿色生产和绿色消费，与法律制度形成合力，相得益彰。

第二，全面推动生态环境保护的立法进程，进一步完善生态环保法治体系。在原有生态环保法制基础上，为进一步加强环境治理、增强环境治理能力，中国正在积极推进包括污染防治、资源综合利用、生态环境监测、碳排放交易诸多领域的立法工作，积极开展生态环境保护立法。2018 年，生态环境部开展编制《生态环境监测条例》工作，拟将生态环境监测工作纳入法制化轨道。在 2017 年 8 月 1 日正式实施《三江源国家公园条例（试行）》的基础上，中国也在积极探索国家公园立法工作，推动国家公园体制的建立。与此同时，鼓励地方在生态环保领域可以先于国家进行立法，加快生态环保事业的法制化进程。2015 年，新修订的《中华人民共和国立法法》规定，设区的市的人民代表大会及其常务委员会根据本市的具体情况和实际需要，在不同宪法、法律、行政法规和本省、自治区的地方性法规相抵触的前提下，可以对城乡建设与管理、环境保护、历史文化保护等方面的事项制定地方性法规。这实际上赋予了地方立法机关更多开展环境保护立法的权限，从而有的放矢，从总体上推进各地的环保立法和环境治理进程。

第三，推动生态环境执法队伍建设，并加大对于生态环境违法犯罪行为的惩处力度。2014 年底，国务院办公厅印发《关于加强环境监管执法的通知》，重点针对以往生态环境监管执法不严和执法不规范等问题，要求推动生态环境监管执法实现全覆盖；同时健全生态环境执法责任制，对形成裁量权进行规范，对环境监管执法予以约束。2018 年 3 月，中共中央印发了《深化党和国家机构改革方案》，推动大部制改革，整合并组建系统的生态环境保护综合执法队伍。方案涉及整合原环境保护、国土、农业、水利以及海洋等部门有关污染防治与生态保护领域的执法职责和队伍，由生态环境部指导，统一实行生态环境保护执法。新组建的生态环境部下设生态环境执法局，统一负责生态环境监督执法等工作，全面提升了生态环境执法队伍建设，从基础上增强了环境治理能力。与此同时，随着《中华人民共和国环境保护法》2014 年修订版的出台，以及《中华人民共和国刑法修正案（八）》将污染环境罪纳入其中，随后最高人民法院和最高人民检察院对该罪名做出了补充规定，这样，逐渐构造了严密的法治体系，加大了对于生态环境违法犯罪行为的打击力度，为开展环境治理提供了坚实的法治保障。

（4）强化生态环境保护能力保障体系，综合保障并加强环境治理能力建设。考虑到科技、人才、物资储备以及国际交流等维度，中国也在不断强化生态环境保护能力保障体系建设，为增强环境治理能力提供多维度保障。

在加强生态环保能力保障建设当中，最典型的就是运用大数据开展环境承载力监测预警。2015 年 7 月 1 日，中央全面深化改革领导小组第十四次会议审核通过了《生态环境监测网络建设方案》，强调要建设和完善生态环境监测网络，通过全国联网和自动预警，为环境保护提供科学依据；依靠科技进步和技术创新，提高生态环境监测的自动化、智能化和立体化水平，开展生态环境监测的大数据分析并实现全国生态环境监测数据共享，推动生态环境监测与生态环境监管的联动，提升环境治理水平。2015 年 8 月，国务院印发《促进大数据发展行动纲要》，积极推动以大数据提升政府能力，要求 2018 年底以前建成国家政府数据的统一开放平台，2020 年底以前逐步实现包括资源、环境等领域的政府数据向社会开放；运用大数据实现对于质量安全、节能减排等领域的数据采集和利用，建立有关主体功能区划、节能降耗和环境保护等领域的环境治理和社会治理大数据应用体系。2016 年 3 月，环境保护部印发《生态环境大数据建设总体方案》，要求运用生态环境大数据的集成分析和综合应用，为环境治理提供科学决策的依据。

在国家政策出台以后，各地方政府也出台了本地区的大数据环境监测方案。以北京市为例，目前北京市建有空气质量监测点 35 个，包括城区环境评价点 12 个、郊区环境评价点 11 个、对照点及区域点 7 个、交通污染监控点 5 个。此外，北京市各区县均分布有各自的空气质量微型监测站，其中朝阳区在 2018 年已建成并投入使用 500 个，昌平区建有 300 个，从而实现对于空气污染情况的实时监测。通过对各空气质量监测站及微站的布设，实现对空气污染的全面监控，基于大数据分析以及精准化的实现，为北京市的大气污染防控及环境治理提供了科学的依据和解决方案。通过不断建设各类保障体系，可以有效实现对于环境治理体系的支撑，并强化环境治理的力度和效度。

总之，党的十八大以来，我们通过多维度不断构建环境治理体系，为进一步打造生态文明制度体系提供了坚实的保障，从而科学、有序地推进了生态文明建设。

第 6 节　大力构建生态安全体系

生态安全是国家安全的重要组成部分，指的是一国具有较为完整且不受威胁的、能够支撑国家可持续生存和发展的生态系统，同时能够有效应对国内外重大生态问题的状态。生态安全作为国民经济和社会运行的根本保障，实际上亦是中国特色国家安全的重要组成部分，为其他几项安全提供了坚实的基础。因此，在建设生态文明、打造美丽中国的进程中，必须大力构建生态安全体系。

一、建立生态安全体系的主要依据

生态安全体系的重点就是要保证生态系统能够实现良性循环，环境风险得以有效防控，进而满足国家安全需求，充分保障公众生态权益并彰显人与自然和谐共生。随着中国近些年生态修复、资源保护和环境治理工作的积极推进，生态安全的概念也日益清晰。

第一，建立生态安全体系的理论依据。2014 年 4 月，在十九届中央国家安全委员会第一次会议上讲话时，习近平同志要求贯彻落实总体安全观，既重视传统安全，又重视非传统安全，其中包括集生态安全、资源安全、核安全等于一体的国家安全体系。在构建中国特色国家安全道路的方向上，习近平同志强调，政治安全是根本，经济安全是基础，军事、文化、社会安全是保障。2017 年 10 月 18 日，党的十九大报告提出："实施重要生态系统保护和修复重大工程，优化生态安全屏障体系，构建生态廊道和生物多样性保护网络，提升生态系统质量和稳定性。"[①] 因此，生态安全体系的建设，既是建设生态文明的内在要求，也是构建国家安全体系的题中之义。

第二，建立生态安全体系的实践依据。当前中国的生态安全面临着系统性挑战。具体体现为土地沙化、退化以及水土流失等问题。其中，水土流失面积达 295 万平方公里；水资源短缺，黄、淮、海河流域地表水资源的开发利用率均达 70%以上，一些地区水资源承载力面临瓶颈；生物多样性面临挑战；城乡人居环境形势严峻，一些地区水、土壤和空气污染亟待治理；等等。中国在几十年的时间里走过了发达国家一两百年走过的发展之路，集中面临着工业化、现代化所带来的环境负效应。然而，从发展道路、发展趋势以及经济社会发展方式等方面来看，中国有着改善环境状况、维护生态安全的良好机遇。

基于此，在建设生态文明体系的进程中，必须大力推进生态安全体

---

① 习近平. 决胜全面建成小康社会 夺取新时代中国特色社会主义伟大胜利：在中国共产党第十九次全国代表大会上的报告［N］. 人民日报，2017-10-28（1）.

系建设，从而为生态文明体系保驾护航。

二、建立生态安全体系的主要任务

当前中国的生态安全体系的建设，重点强调两个方面。一是打造良性循环的生态系统，二是有效防控环境风险。

（一）打造良性循环的生态系统

在习近平生态文明思想中，一个重要的科学理念就是统筹山水林田湖草系统治理的观念。生态环境是一个有机的统一整体，因此，构建生态安全体系也必须立足于统筹山、水、林、田、湖、草，通过综合整治和系统保护，才能全方位、全地域以及全过程地开展生态环境保护，打造良性循环的生态系统，进而构建生态安全体系。针对山水林田湖草系统，分别进行矿山保护与修复、水土流失治理、森林质量提升、草原生态系统保护等举措，逐步修复生态退化地区、稳定生态系统功能，并逐步提升生态产品的供给能力，打造良性循环的生态系统。在陆域生态安全领域，主要以“两屏三带”以及重要水系为骨架，以管护重点生态功能区为支撑。此外，中国也加强了对于海洋生态的保护与合理开发，建设“一带九区多点”的海洋开发格局和“一带一链多点”的海洋生态安全格局。通过统筹陆海国土生态安全，打造科学合理的生态安全格局。

（二）有效防控环境风险

建立生态安全体系是一项复杂的系统工程，其底线是有效防控环境风险，能够妥善处理目前国内发展面临的资源和环境瓶颈以及生态承载力不足的问题，能够应对突发的环境事件、能够积极预防环境风险并建有一套风险防控体系等等。因此，我们要把生态环境风险纳入常态化管理，系统构建全过程、多层级生态环境风险防范体系。根据 2016 年 11 月国务院印发的《“十三五”生态环境保护规划》的蓝图，中国在“十三五”时期的生态安全布局主要包括建设生态安全屏障、打造生物多样性网络、管护重点生态功能区、全面提升生态系统的稳定性以及生态服务功能等。其中，打造“两屏三带”国家生态安全屏障中的“两屏”主要指青藏高原生态安全屏障和黄土高原—川滇生态安全屏障；“三带”指的是东北森林带、北方防沙带和南方丘陵山地带生态安全屏障。针对几个区域各自的生态条件进行分地域治理，如水土流失治理、防风固沙、草原保护、植被修复以及多样性保护等。此外，还要对生态环境风险引起的环境问题和社会矛盾等进行有效把控。

总之，生态安全体系的建设，能够为生态文明建设提供基础保障，即提供生态文明的基本底线。

三、建立生态安全体系的主要举措

维护生态安全对于建设生态文明来讲是基本底线，对于国家安全来讲同样具有基础性意义。中国通过建立健全一系列维护生态安全的制度体系，有效保障了国家的生态安全。

（一）加强主体功能区规划

推进主体功能区规划，是加强对国土空间和资源的开发管制进而推行绿色发展战略的重要举措。2013 年 5 月 24 日，习近平同志在党的十八届中央政治局第六次集体学习时指出：“主体功能区战略，是加强生态环境保护的有效途径，必须坚定不移加快实施。要严格实施环境功能区划，严格按照优化开发、重点开发、限制开发、禁止开发的主体功能定位，在重要生态功能区、陆地和海洋生态环境敏感区、脆弱区，划定并严守生态红线，构建科学合理的城镇化推进格局、农业发展格局、生态安全格局，保障国家和区域生态安全，提高生态服务功能。”① 因此，我们要依靠国土空间开发保护制度，从基础领域保障生态安全。目前，加强自然生态系统的保护和修复，积极治理重点环境问题，尤其是土壤、大气和水污染防治攻坚战的打响，有利于管控环境风险，保障生态安全。

---

① 中共中央文献研究室. 习近平关于社会主义生态文明建设论述摘编［M］. 北京：中央文献出版社，2017：44.

近年来，中国还通过产业准入限制与管理对开发建设活动进行生态监管，保护重点野生动植物。此外，试点开展并建立国家公园体制，探索保护自然生态系统的新模式和新体制。2017 年 9 月，中共中央、国务院印发了《建立国家公园体制总体方案》，通过建立国家公园对重点生态功能区进行有效保育和保护，目标至 2020 年通过试点经验，整合建立一批国家公园，提高保护管理的效能，保障国家生态安全。通过这些举措，不断加强对国家重点生态功能区的深度保护和管理。

（二）加强保障生态安全的法制建设和财税制度建设

在这方面，我们坚持以法治和市场手段为生态安全体系的建立提供科学而有力的保障。通过生态保护补偿机制、资源有偿使用制度、自然资源资产负债表、领导干部自然资源资产离任审计制度、生态环境损害责任追究办法等一系列的制度及配套法律法规的建立和健全，我们积极建立保障生态安全的配套制度。以生态保护补偿机制为例，2016 年 5 月，《国务院办公厅关于健全生态保护补偿机制的意见》提出："推进横向生态保护补偿。研究制定以地方补偿为主、中央财政给予支持的横向生态保护补偿机制办法。鼓励受益地区与保护生态地区、流域下游与上游通过资金补偿、对口协作、产业转移、人才培训、共建园区等方式建立横向补偿关系。鼓励在具有重要生态功能、水资源供需矛盾突出、受各种污染危害或威胁严重的典型流域开展横向生态保护补偿试点。在长江、黄河等重要河流探索开展横向生态保护补偿试点。继续推进南水北调中线工程水源区对口支援、新安江水环境生态补偿试点，推动在京津冀水源涵养区、广西广东九洲江、福建广东汀江—韩江、江西广东东江、云南贵州广西广东西江等开展跨地区生态保护补偿试点。"① 2019 年 1 月，国家发展改革委、财政部等部委联合制定《建立市场化、多元化生态保护补偿机制行动计划》，旨在建立政府主导、企业与社会参与、

① 国务院办公厅．国务院办公厅关于健全生态保护补偿机制的意见［EB/OL］．http://www.gov.cn/zhengce/content/2016－05/13/content_5073049.htm.

市场化运作且可持续的生态保护补偿机制。生态保护补偿机制的建立，有利于促进实现生态损害者赔偿、生态受益者付费、生态保护者得到合理补偿的局面，激发全社会积极参与生态保护。此外，保障生态安全还要加快改变原有的单一性行政管制，实现向包括土地、财税、金融以及法律等多重方式在内的综合性调控转变。这样，有助于进一步应对生态风险，提升自然生态保护和监管的能力。

（三）加强生态安全的监测与研判

通过科技的合理应用，建立和完善生态安全的监测和预警体系、应对突发环境事件预案的防控体系以及跨地区的生态安全联动体系，能够有效防控环境风险，增强生态安全的能力建设。党的十八大以来，党中央、国务院高度重视生态环境监测工作的改革和发展。2015—2017 年，国务院办公厅先后印发了《生态环境监测网络建设方案》（2015 年 7 月）、《关于省以下环保机构监测监察执法垂直管理制度改革试点工作的指导意见》（2016 年 9 月）和《关于深化环境监测改革提高环境监测数据质量的意见》（2017 年 9 月）等环境监测方面的改革文件，搭建了环境监测管理和制度建设的基本框架。习近平同志 2016 年在青海考察了国家电投黄河水电太阳能电力有限公司西宁分公司和青海省生态环境监测中心。在青海省生态环境监测中心，他通过远程视频察看了黄河源头鄂陵湖—扎陵湖和昂赛澜沧江大峡谷、昆仑山玉珠峰南坡以及青藏铁路五道梁北大桥等点位的实时监测情况。他指出，保护生态环境首先要摸清家底、掌握动态，要把建好用好生态环境监测网络这项基础工作做好。通过加强生态环境监测，在确保生态系统良性循环以及环境风险有效防控的基础上，打造稳固的生态安全体系。此外，进行资源环境承载能力评价，也是预防资源环境风险、强化生态安全研判的有效方式。2014 年，在中央财经领导小组第五次会议上，习近平同志指出，“要抓紧对全国各县进行资源环境承载能力评价，抓紧建立资源环境承载能力监测预警机制。我到过的好几个县、地级市，都说要迁城，为什么要迁呢？没水了。缺水就迁城，要花好多钱。所以，水资源、水生态、水环境超载区域要实行限制性措施，调整发展规划，控制发展速度和人口规模，调整产业结构，避免犯历史性错误。”[①] 总之，防控资源环境风险、增强生态安全建设，既是建设生态文明体系的题中之义，也是其基础和保障。系统性的生态安全体系建设，有利于保障国家的生态安全，进而满足公众优美生态环境需要，构建一个生态安全型社会。

通过上述努力，我们进一步完善了国家的生态安全体系。

总之，建立和完善生态文明体系是一项系统工程，这有赖于正确认识经济社会发展与生态环境保护的客观规律，走绿色的可持续发展道路。其中，生态文化体系是内驱力，生态经济体系是载体，生态目标责任体系是约束，生态文明制度体系是保障，生态安全体系是底线。通过构建生态文明体系，才能确保到 2035 年，达到生态环境质量的根本好转，基本实现美丽中国目标。通过践行绿色生产和绿色生活方式，实现人与自然和谐共生，促进生态环境领域国家治理体系以及治理能力现代化水平的提升。

---

① 中共中央文献研究室. 习近平关于社会主义生态文明建设论述摘编 [M]. 北京：中央文献出版社，2017：104.

China's Ecological Civilization in the New Era

China's Ecological Civilization in the New Era
China's Ecological Civilization in the New Era

第5章

积极参与全球生态治理

5 积极参与全球生态治理

中国在加强生态文明建设、推动绿色发展的同时，还积极参与全球生态治理，为解决世界环境和气候变化问题贡献中国智慧和中国方案。因此，中国不仅是全球生态治理的重要参与者，而且日益成为全球生态治理的重要贡献者和引领者。

第 1 节　中国参与全球生态治理的进程

作为全球最大的发展中国家，中国一直积极参与国际环保事业，致力于共同应对全球环境和气候变化问题。从新中国成立至今，中国参与全球生态治理的进程大概可以分为四个阶段。在这四个阶段中，中国因自身发展实力、发展理念以及国际地位等因素的变化，在全球生态治理的进程中所发挥的角色、所起到的作用也各不相同。

一、全球生态治理的初始参与阶段

1949 年中华人民共和国成立至 1978 年改革开放前，是中国参与全球生态治理的第一阶段。

1971 年中国恢复在联合国的合法席位，开始正式参与全球治理体系。1972 年初，联合国秘书长致函我国外交部，邀请中国派代表参加联合国人类环境会议。作为恢复联合国合法席位以后中国在国际环境保护领域里的第一次亮相，中国高度重视此次会议，周恩来总理具体指导了此次会议。一方面，结合我国实际发展与环保形势，审定确立了我国的环境保护方针，即“全面规划、合理布局、综合利用、化害为利、依靠群众、大家动手、保护环境、造福人民”。另一方面，此次联合国人类环境会议是全球首次以环境保护为主题召开的国际性会议，我国分析了此次会议的背景、形势与政策，提出参与此次会议的中方立场。其一，中国面向深受环境污染、生态破坏威胁的世界人民，表达了与广大人民一道维护和改善生存环境、加强生态保护的决心；其二，在改善环境的同时，强调努力推动第三世界团结一致、反帝反霸、独立自主并发展经济的斗争。

1972 年 6 月，联合国人类环境会议于瑞典斯德哥尔摩正式召开，这是联合国对全球环境影响的首次正式评估，试图就如何应对环境问题、改善人类环境这一全球性挑战达成基本共识。会议讨论了当代环境问题及其解决方案，呼吁世界各国为改善生态环境、造福人类社会和子孙后代而共同努力，通过了著名的《联合国人类环境宣言》。作为致力于解决全球性环境问题的首个成果，这一宣言在全球生态治理的历史上无疑具有里程碑意义。中国立足于发展中国家的正义立场，对宣言的起草、内容等做出了诸多贡献，开启了中国环境外交事业的征程。

1972 年的斯德哥尔摩人类环境会议成为全球生态治理的正式开端。中国在这次会议上集中宣示了中国对环境问题的立场和观点，表明了中方对环境保护的方针和主张，彰显了中国在全球环境保护事业中的地位、作用与影响。以参加 1972 年联合国人类环境会议为标志，中国正式开启了参与全球生态治理体系的历史进程。

二、全球生态治理的全面参与阶段

1978 年改革开放至 2002 年党的十六大期间，是中国全面参与全球生态治理的阶段。改革开放以来，中国开始全方位推进经济社会建设，加强自身环境治理。同时，积极参与环保事业的国际合作，为全球生态治理做出中国贡献。

（一）积极开展国际生态合作

中国积极支持联合国环境规划署的相关工作，是联合国环境规划署历届理事国之一。斯德哥尔摩人类环境会议之后，中国于 1979 年先后加入联合国环境规划署的“全球环境监测网”（GEMS，1975 年成立，主要监测全球环境并对环境的组成要素状况予以定期评估）、“国际潜在有毒化学品登记中心”（IRPTC，1976 年成立，主要对全球潜在的有毒化学品的可能性危害提出早期预报、进行全球环境评价）以及“国际环境情报资料源查询系统”（IRS，1977 年投入运行，是全球性环境情报的交流网络）等，秉承务实、开放的态度积极参与全球环境保护事业。

在参与全球环境治理事业的同时，中国也在不断提升自身环境外交的能力和水平。1991 年 6 月 18—19 日，应中国政府的邀请，来自 41 个发展中国家的部长齐聚北京，召开了发展中国家环境与发展部长级会议。与会各国深入探讨了国际社会在经济社会发展以及环境保护等方面所共同面临的机遇与挑战，尤其是这些新形势和新变化对于发展中国家的客观影响，并于 6 月 19 日通过了著名的《北京宣言》。《北京宣言》强调环境保护与持续发展是全人类共同关心的问题，在责任有别的基础上，应该全力以赴、积极参与全球环境保护与可持续发展；保护环境符合人类共同的利益；环境保护领域的国际合作应该以主权国家平等的原则为基础，并充分考虑发展中国家的特殊情况及需要；发达国家对环境恶化负有主要责任，应率先采取行动以保护全球环境，并向发展中国家提供相应的资金和技术援助；发展中国家应该加强相互间合作，对保护及改善全球生态环境做出贡献。发展中国家在债务、资金、贸易以及技术转让等方面受到诸多不公平待遇，导致其参与全球环境保护的能力受到削弱；因此，必须建立一个有助于所有国家尤其是发展中国家实现可持续发展的、公平的国际经济新秩序，从而为保护全球环境创造必要的条件[①]。《北京宣言》凝聚了各发展中国家的共识，为联合国环境与发展大会的成功召开奠定了重要基础，体现了中国在国际环境合作事务中日益重要的影响力。

（二）科学制定国家可持续发展战略

1992 年是全球生态治理事业发展的重要里程碑。为了纪念斯德哥尔摩会议召开 20 周年，联合国于 1992 年在巴西里约热内卢召开联合国环境与发展大会。中国高度重视此次会议，在 1991 年就先后两次派出代表团出席了联合国环境与发展大会筹备委员会的第二次和第三次会议。联合国环境与发展大会通过了《21 世纪议程》，这是世界范围内开展可

① 中华人民共和国国务院公报．1991 年第 24 号（总号：663）．872-873.

持续发展的标志性文件。《21 世纪议程》表明人类站在历史的关键时刻彰显了在环境与发展合作方面的全球共识，反映了这一领域最高级别的政治承诺。它强调，人类所赖以生存的生态系统在持续恶化，而没有一个国家能够单独应付这一问题，因此，需要共同努力、建立能够促进并实现可持续发展的全球伙伴关系。这一文件从可持续发展总体战略与政策、社会可持续发展、经济可持续发展以及资源的合理利用与环境保护四个层面出发，期望各国共同行动，创造更安全、更繁荣的未来。《21 世纪议程》制定了多项有关可持续发展的规划与蓝图，是全球性的可持续发展行动计划。

在联合国环境与发展大会明确确立可持续发展之后，中国积极规划并持续推动可持续发展。作为一个人口众多的发展中大国，中国的环境与发展问题是全球环境与发展问题的重要构成部分，中国可持续发展目标的实现与否对全球可持续发展进程具有重要的影响和意义。因此，中国积极响应联合国的决议，在全球范围内率先采取行动，当年 7 月国务院环境保护委员会就召开会议进行研究和部署，组织制定中国的可持续发展战略。1993 年，中国成为联合国可持续发展委员会的成员国。1994 年，中国颁布了《中国 21 世纪议程》，成为世界上第一个颁布国家级 21 世纪议程的国家，彰显了中国对保护全球生态环境、推动可持续发展、发挥大国作用的负责任态度。1997 年，中共十五大将可持续发展确立为中国社会主义现代化建设的战略。2002 年 8 月 26 日至 9 月 4 日，中国派出代表团参加在南非约翰内斯堡召开的可持续发展世界首脑会议。该次会议提出了可持续发展的三大支柱，即经济发展、社会进步和环境保护，进而促进整个世界的可持续发展以及人类社会的繁荣发展。这次会议推动全球在可持续发展的道路上又迈出了实质的一步，中国全面参与此次会议，在国际舞台上发挥了积极作用。中国积极推动可持续发展的理念、战略与行动，在全球起到了良好的示范作用。

三、全球生态治理的深度参与阶段

2002 年至 2012 年可谓是中国参与全球生态治理的第三个阶段，也是中国深度参与全球生态治理的十年。在这十年期间，中国参与全球生态治理的广度、深度和强度都不同以往，无论是气候变化还是一般可持续发展等议题上，中国都积极发出自己的声音。中国既明确表达发展中国家立场，也积极承担大国责任，秉承公平公正的立场，深度参与全球生态治理。

（一）积极阐明发展中国家的立场和原则

中共十六大明确提出中国要走生产发展、生活富裕、生态良好的文明发展道路，中共十七大进一步提出生态文明是全面建设小康社会的新目标和新要求之一。这一系列顶层规划明确了生态文明建设在当时中国发展进程中的战略地位，为中国参与全球生态治理奠定了理念和制度的基础。

这一时期，全球气候变化问题已经成为国际环境问题的重点领域之一。2009 年 9 月，联合国气候变化峰会在美国纽约召开，时任中国国家主席胡锦涛在开幕式上发表了题为《携手应对气候变化挑战》的重要讲话。他强调，国际社会在应对气候变化这一问题上，核心是履行各自责任、目标是实现互利共赢、基础是促进共同发展、关键是确保资金技术；围绕这些基本原则，各国应坚持《联合国气候变化框架公约》以及《京都议定书》的地位，坚持共同但有区别责任原则，携手共同应对气候变化这一全球性挑战。他同时表明了中国制定并实施了《中国应对气候变化国家方案》，宣布了中国在应对气候变化问题上的国家政策及采取的节能减排措施。这充分展现了中国作为发展中国家，在实现自身发展、应对气候变化问题上的科学态度和责任意识。

（二）表明大国意识、承担大国责任

在如何应对全球气候变暖问题上，中国积极表明大国治理意识，并承担大国的责任。从当时的情况看，全球六大二氧化碳排放国（中、美、印、俄、日、德），排放总量占到了全球总排放量的 60%，其中排名第一的中国和排名第二的美国更是占据了 40%以上。从总量上来看，

中国的二氧化碳排放量是美国的 2 倍。然而，按照人均二氧化碳排放量计算，排名第一的是美国（人均 18.35 吨），第二为俄罗斯（人均 13.94 吨），印度最低（人均仅 2.16 吨），中国位列印度之前（人均 8.09 吨）。从人均水平看，中国的人均二氧化碳排放量仅为美国的 44%。尽管如此，作为发展中大国，中国依然加强自身节能减排力度，并承担起国际减排义务。在 2009 年的哥本哈根气候变化大会上，中国代表团向国际社会庄严承诺，到 2020 年，中国单位国内生产总值二氧化碳排放量将降低 40%～50%；中国将积极参与全球气候治理并大力推进国际气候合作，与国际社会共同应对气候变化问题。

在参与全球生态治理的过程中，中国及时总结自身发展经验并为国际生态治理提供经验和参考。2011 年，中国国家发展和改革委员会会同 40 个部门共同制定了《2012 中国可持续发展国家报告——全球视野下的中国可持续发展》。2012 年 6 月，国务院正式批准了这一报告，这也是中国发布的第一个可持续发展国家报告。作为世界第二大经济体以及世界最大的能源消费国和碳排放国，作为新兴经济体和最大的发展中国家，如何处理中国与世界的关系，如何实现中国的绿色转型、促进全球的可持续发展，都成为中国发展的重要议题。报告既对中国 2001 年以来的可持续发展进行了分析和总结，也对以后可持续发展的战略举措进行了说明；同时，阐明了中国对 2012 年联合国可持续发展大会的原则立场。同年，中国领导人在出席斯德哥尔摩+40 可持续发展伙伴论坛部长对话时发表演讲，表明中国绝不靠牺牲生态环境与人民健康以换取经济增长的决心，以及中国走生产发达、生活富裕、生态良好文明发展道路的意愿，为国际社会提供了绿色发展的合理思路和良好范本。

2012 年联合国可持续发展大会是中国参与全球生态治理的转折点。从 2012 年开始，在全球生态治理的事业中，中国逐渐开始从深度参与者向倡导者转变。2012 年 6 月，中国代表团赴里约热内卢参加联合国可持续发展大会。此次会议主题聚焦“可持续发展和消除贫困背景下的绿色经济”与“促进可持续发展机制框架”，通过了《我们憧憬的未来》

这一成果性文件。中国代表团发表了题为《共同谱写人类可持续发展新篇章》的主旨演讲，强调中国的发展为世界带来了更多的机遇。为帮助推动发展中国家走向可持续发展，中国决定向联合国环境规划署信托基金提供600万美元的捐款；帮助发展中国家培训保护生态和治理荒漠化等领域的技术和管理人员；规划2亿元人民币、开展为期3年的国际合作，旨在通过“南南合作”，帮助提高小岛屿国家、非洲国家及最不发达国家应对气候变化的能力。中国负责任、有担当的大国立场、主张与形象，得到了国际社会的高度认可和好评。表5-1呈现了20世纪70年代至今中国参与的主要国际可持续发展国际会议。

表5-1 中国参与的主要国际可持续发展国际会议一览表（20世纪70年代至今）

序号	名称	时间/地点
1	联合国人类环境会议	1972年斯德哥尔摩
2	联合国环境与发展大会	1992年里约热内卢
3	APEC第十五次领导人非正式会议	2007年悉尼
4	联合国气候变化峰会	2009年纽约
5	《联合国气候变化框架公约》第15次缔约方会议暨《京都议定书》第5次缔约方会议	2009年哥本哈根
6	绿色经济与应对气候变化国际合作会议	2010年北京
7	联合国千年发展目标高级别会议	2010年纽约
8	首届亚太经合组织林业部长级会议	2011年北京
9	第五届世界未来能源峰会	2012年阿布扎比
10	联合国可持续发展大会	2012年里约热内卢
11	联合国气候变化问题领导人工作午餐会	2015年纽约
12	气候变化巴黎大会	2015巴黎
13	核安全峰会	2010—2016年（共四届，分别在华盛顿、首尔、荷兰、华盛顿召开。）

四、全球生态治理的积极引领阶段

2012年中共十八大以来，中国参与了一系列全球生态治理行动，积极应对全球气候变化和重大自然灾害、大力保障资源能源安全并全面推动全球核安全，以负责任的态度和坚决行动，为全球生态治理做出中国贡献。

（一）在应对全球气候变化等领域庄严做出中国承诺

当前，在全球环境议题中，气候变化问题是一项重要内容。中国既是一个发展中国家，也是全球碳排放大国，更是节能减排、应对气候变化的积极行动者。

在应对气候变化领域，中国积极做出承诺和表率。在2014年G20峰会上，习近平主席承诺中国将在2030年左右达到二氧化碳排放的峰值。在2015年联合国气候变化问题领导人工作午餐会上，习近平主席对巴黎大会发出倡议，提出在应对气候变化问题上发达国家和发展中国家所应遵循的基本原则。2015年11月，在气候变化巴黎大会的开幕式上，习近平主席发表了题为《携手构建合作共赢、公平合理的气候变化治理机制》的主旨演讲，强调中国始终是全球应对气候变化事业的积极参与者，而且有诚意、有决心为应对气候变化、促进巴黎大会成功做出中国的贡献。2016年3月底，在美国华盛顿，中美两国共同发表《中美元首气候变化联合声明》。声明中强调了中美两国将于4月22日签署《巴黎协定》，并采取各自的国内步骤尽早参与《巴黎协定》，同时与其他国家一起推动《巴黎协定》的实施；共同努力促进低碳及气候适应型经济的转型，倡议加强能源和气候变化方面的国际合作等。作为全球两个碳排放大国，这一声明对于推动国际社会参与并落实《巴黎协定》具有重要的积极意义。2016年9月，习近平主席出席G20杭州峰会，进一步探讨了可持续发展议题，同时根据全国人大常委会的决议批准了《巴黎协定》。此外，习近平主席在峰会上还针对全球气候变化和全球生态治理发出了倡议，涉及全球治理体系以及应对气候变化等多项议题，对于引导和推动国际社会遵守《巴黎协定》、携手应对气候变化问题发挥了重要作用。

应对气候变化是国际社会的共同责任。中国的负责任态度和积极承诺，展现了良好的大国风范，有力地引领了全球气候治理。

（二）以区域合作提升全球生态治理能力和水平

目前，全球生态治理呈现出协同治理以及多中心治理的趋势。所谓协同治理是指各方的合作治理，诸如气候变化的应对就是一个多领域合作的态势；所谓多中心治理，即全球生态治理缺乏有力领导力，呈现多中心、多层面的治理特色。目前，中国参与的区域合作组织主要包括“一带一路”、二十国集团、亚太经合组织、上海合作组织、东盟地区论坛、金砖国家、亚欧论坛、东亚峰会、中亚区域经济合作等。这些地区合作组织交流合作的领域，既涉及经贸、政治、文化、科技、教育等，也涉及资源能源、生态环保等领域。通过区域间合作，可以相对有效地达成合作协议、提升生态治理效果。例如，2007 年的 APEC 悉尼会议深入探讨了气候变化问题。该次会议通过了《关于气候变化、能源安全和清洁发展的悉尼宣言》。2017 年 APEC 第二十五次领导人非正式会议的讨论主题为“打造全新动力，开创共享未来”。

中国不仅积极倡导和参与区域合作，而且推动并参与全球生态治理，积极发挥中国作用。2016 年，中国作为主席国在浙江杭州举办了 G20 峰会。习近平主席就应对气候变化问题、开展生态治理等问题发表了主席声明，同时提出了发展绿色金融的新议题，以实际行动积极推动各国落实《巴黎协定》。中国倡议并主导的“一带一路”则开启了区域合作的新模式，带动了沿线各国的经济发展、社会进步，也加强了各国的生态治理合作。2017 年，中国共产党与世界政党高层对话会在北京召开，习近平总书记出席开幕式并发表了《携手建设更加美好的世界》的主旨演讲。他倡议各国共同努力，建设一个“持久和平、普遍安全、共同繁荣、开放包容、清洁美丽的世界”。这一倡议反映了人类社会一致的价值追求，呼应了共建人类命运共同体的理念和方案。中国的主张和倡议，在推动各国共同参与全球生态治理、共建和谐宜居的人类家园的事业上发挥着日益重要的带动作用。表 5 - 2 呈现了 20 世纪 70 年代至今，中国参与的主要环境国际公约。

表5-2　中国参与主要环境国际公约一览表（20世纪70年代至今）

序号	名称（中英文）	中国参与情况
1	濒危野生动植物种国际贸易公约 Convention on International Trade in Endangered Species of Wild Fauna and Flora	1980年12月加入
2	联合国海洋法公约 United Nations Convention on the Law of the Sea	1982年12月10日签署
3	1973年国际防止船舶造成污染公约1978年议定书 Protocol of 1978 Relating to the 1973 International Convention for the Prevention of Pollution from Ships	1983年7月1日交存加入书
4	防止倾倒废物和其他物质污染海洋的公约（伦敦倾废公约） Convention on the Prevention of Marine Pollution by Dumping of Wastes and other Matters	1985年11月14日交存加入书
5	维也纳保护臭氧层公约 Vienna Convention for the Protection of the Ozone Layer	1989年9月11日交存加入书
6	控制危险废物越境转移及其处置的巴塞尔公约 Basel Convention on the Control of Transboundary Movements of Hazardous Wastes and their Disposal	1990年3月22日签署
7	经修正的关于消耗臭氧层物质的蒙特利尔议定书 Montreal Protocol on Substances That Deplete the Ozone Layer (Adjusted and Amended)	1991年6月13日交存加入书
8	关于环境保护的南极条约议定书 Protocol on Environment Protection to the Antarctic Treaty	1991年10月4日签署
9	联合国气候变化框架公约 United Nations Framework Convention on Climate Change	1992年6月11日签署
10	生物多样性公约 Convention on Biological Diversity	1992年6月11日签署
11	联合国关于在发生严重干旱和/或荒漠化的国家特别是在非洲防止荒漠化的公约 United Nations Convention to Combat Desertification in those Countries Experiencing Serious Drought and/or Desertification, Particularly in Africa	1997年2月18日交存批准书
12	1990年国际油污防备、反应和合作公约 International Convention on Oil Pollution Preparedness, Response and Cooperation, 1990	1998年3月30日交存加入书

续前表

序号	名称（中英文）	中国参与情况
13	《气候变化公约》京都议定书 The Kyoto Protocol to the Convention on Climate Change	1998 年 5 月 29 日签署
14	世界卫生组织法第二十四和第二十五条的修正案 Amendments to Articles 24 and 25 of the Constitution of the World Health Organization	1998 年 11 月 6 日交存接受书
15	《生物多样性公约》卡塔赫纳生物安全议定书 Cartagena Protocol on Biosafety to the Convention on Biological Diversity	2000 年 8 月 8 日签署
16	关于持久性有机污染物的斯德哥尔摩公约 Stockholm Convention on Persistent Organic Pollutants	2001 年 5 月 23 日签署
17	关于汞的水俣公约 Minamata Convention on Mercury	2013 年 10 月 10 日签署
18	巴黎协定 The Paris Agreement	2016 年 4 月 22 日签署

第 2 节　中国参与全球生态治理的原则

全球生态治理是全球治理的重要组成部分，深受一国参与全球治理的外交政策的影响。

新中国成立以来，在外交政策方面总体上经历了四个发展阶段，体现了中国不同时期的对外交往策略，同时也深刻影响了中国参与全球生态治理的态度。第一个阶段从 1949 年至 20 世纪 70 年代。毛泽东基于二战后国际关系格局的变化提出了三个世界理论，同时指出第三世界是全球反对帝国主义、殖民主义和霸权主义的重要力量；在处理国与国关系方面，中国坚持“和平共处五项原则”。这成为中国从 20 世纪 70 年代开始参与全球生态治理的基本思路，即生态治理必须基于国际正义，中国坚定原则、坚决维护发展中国家的立场。第二个阶段始于 20 世纪 80 年代，邓小平意识到和平与发展成为新的时代主题，带领中国实现外交政策的转型，采用独立自主的和平外交政策；在国际关系格局出现重大变化之际，提出“韬光养晦，有所作为”。这一系列外交政策为这一时期中国参与全球生态治理提供了理论基础和实践策略。第三个阶段为 20 世纪 90 年代至中共十八大。在这一时期，中国在和平发展的道路上取得了较大的发展成果。与此同时，由于全球生态危机的扩散，环境外交已经逐渐成为外交领域的重要内容。中国在开展生态环境治理、推动可持续发展、应对气候治理等领域积极开展环境外交，贡献中国智慧、发出中国声音，在全球生态治理领域发挥越来越大的作用。第四个阶段始于中共十八大。中共十八大以来，中国将生态文明建设置于国家发展的重要战略位置，在全球治理体系中也日益发挥重要作用。在政治、外交和安全等领域，中国积极倡导“人类命运共同体”的理念，提出共商、共建、共享的全球治理观，也成为中国参与全球生态治理的基本理念和政策。

开展全球生态治理既涉及各国发展权益，也涉及人类社会持久发展的利益。因此，必须“坚持共谋全球生态文明建设。生态文明建设是构建人类命运共同体的重要内容。必须同舟共济、共同努力，构筑尊崇自然、绿色发展的生态体系，推动全球生态环境治理，建设清洁美丽世界”[①]。中国在开展和参与全球生态治理事务中，一直秉持公平正义、客观理性的立场和原则。具体来讲，中国参与全球生态治理的基本原则主要包括民主、公平和正义的原则，共同但有区别的责任原则，以及共商、共建和共享的原则。唯有坚持合理的原则，才能凝聚各国力量，共同推进全球生态环境质量的改善，共同提升各国的发展质量。

一、坚持民主、公平和正义原则

全球生态治理的开展需要坚持民主、公平和正义的原则。基于各个国家所处的发展阶段、发展水平以及发展结构等方面具有较大差异，在推进全球生态治理的进程中，中国一贯主张坚持公平正义的基本原则。

---

① 中共中央 国务院关于全面加强生态环境保护 坚决打好污染防治攻坚战的意见 [N]. 人民日报，2018-06-25 (6).

这既体现在生态治理方面，也体现在全球治理的其他领域，是开展全球治理的前提和基础。在国际社会框架下，发达国家以及发展中国家都应该基于自身真实发展情况，保持权、责、利的一致。2000 年 9 月，在联合国千年首脑会议上，时任国家主席江泽民在讲话时就曾经强调，“环境、毒品、难民等全球性问题日益突出”，“要按照公正、合理、全面、均衡原则”，“世界上所有的国家，无论大小、贫富、强弱，都是国际社会中平等的一员，都有参与和处理国际事务的权利……这是处理国际事务的民主原则”①。今天，在开展全球生态治理的新时代，保证民主、公平和正义原则尤其具有重要意义。这一原则有利于维护世界各国，尤其是广大发展中国家的根本利益，从而推动生态治理与减贫、可持续发展等系统化规划，进而促进各国的可持续发展和全球生态治理。

国家有大小之分，但权利没有大小之分。习近平主席在国际场合多次阐述公平正义原则。2016 年 9 月，他在中国杭州举办的 G20 峰会上致词时强调，应促进包容性发展，以使各国人民共享发展成果。在 G20 成员国制定《二十国集团落实 2030 年可持续发展议程行动计划》的过程中，提出了促进成员国实现经济、社会及环境的可持续发展议程，即充分表征了民主与公正的原则。这一计划强调：“各国根据国内优先事项、需要和能力落实可持续发展议程，在国际上构建免于恐惧和暴力的和平、公正、包容的社会，支持低收入国家和发展中国家在实现可持续发展目标方面取得进展，包括消除贫困和饥饿等。”② 中共十九大报告强调：“中国秉持共商共建共享的全球治理观，倡导国际关系民主化，坚持国家不分大小、强弱、贫富一律平等，支持联合国发挥积极作用，支持扩大发展中国家在国际事务中的代表性和发言权。中国将继续发挥负责任大国作用，积极参与全球治理体系改革和建设，不断贡献中国智慧和力量。”③ 这集中体现了中国在全球生态治理等重要国际事务中一贯倡

① 江泽民. 在联合国千年首脑会议上的讲话［N］. 人民日报（海外版），2000－09－07（2）.

② 二十国集团落实 2030 年可持续发展议程行动计划［N］. 人民日报，2016－09－06（7）.

③ 习近平. 决胜全面建成小康社会 夺取新时代中国特色社会主义伟大胜利：在中国共产党第十九次全国代表大会上的报告［N］. 人民日报，2017－10－28（1）.

议和坚持的公正原则。

二、坚持共同但有区别的责任原则

共同但有区别的责任原则并非中国首创，却是中国长期以来所倡导和坚持的基本国际事务准则，也是国际社会就全球气候治理等领域所公认的基本原则之一。这一原则起源于 1972 年斯德哥尔摩人类环境会议，在 1992 年里约环境与发展大会上得到确立。共同但有区别的责任原则，既是各国所公认的全球治理准则，也是国际环境法领域的重要原则，同时也是中国长期以来所倡导的全球生态治理的基本原则。然而，在全球生态治理体系建设进程中，这一原则的施行仍然阻碍重重。从 1997 年《京都议定书》的签订，到 2009 年哥本哈根气候大会，再到坎昆、德班气候会议，再到多哈以及巴黎气候大会，一路走来，全球气候谈判常常十分艰难，预期会议成果经常遇阻。究其原因，根源在于环境利益动辄影响各国经济社会发展，触动经济利益和发展权益，导致共同但有区别的责任原则的施行往往存在困难。

共同但有区别的责任原则是联合国气候谈判的基本原则，具体指应对全球气候变化是全球各国共同的责任。但是，由于各国国情不同，国别之间具体担负责任往往会有所区别，即共同但有区别的责任原则在实践中该如何体现的问题。一方面，各国减排计划有所差异。巴黎气候大会前，主要发达国家和发展中国家都已就各自国情拟订了本国的减排计划，即国家自定贡献预案（Intended Nationally Determined Contributions，INDC）。例如：欧盟承诺到 2030 年，排放量较 1990 年减少 40%；美国则表示至 2025 年，排放量较 2005 年减少 26%～28%；中国则是各国中减排意愿和力度都十分巨大的国家，承诺 2030 年达到排放峰值并尽早实现，届时单位国内生产总值二氧化碳排放量较 2005 年下降 60%～65%。减排计划和减排执行力各有差异，这是一大挑战。另一方面，是资金筹集和应用问题。从巴黎气候大会官方网站数据看，发展中国家人均温室气体排放水平仅为发达国家的 1/3。鉴于此，贫穷国家希望富裕国家可以向其提供相应的经济及技术援助，使其可以发展清洁技术并减少温室气体排放，进而带动不发达国家基础设施适应或抵御气候变化可能带来的危害。2009 年哥本哈根气候大会成果中，即包括富裕国家向贫穷国家提供作为“快速启动资金”（fast-start finance）支持的 300 亿美元，以及 2020 年之前每年至少 1 000 亿美元的资金流入，以作为共同抵御气候变化的保障。截至 2015 年 10 月，半数以上的资金支持已经实现，但是，由于不发达国家对于援助资金的来源和走向仍然持有更多的诉求，而这在气候谈判中往往形成了另一种障碍。但在总体上，中国仍然主张共同但有区别的责任原则，以促进和平衡不同国家的环境权和发展权。

习近平主席在 2015 年出席联合国气候变化问题领导人工作午餐会时发表讲话，指出巴黎气候大会所达成的协议“必须遵循气候变化框架公约的原则和规定，特别是共同但有区别的责任原则、公平原则、各自能力原则”①。中国是这样倡导的，也是据此实践的。除了排放量的承诺，中国还确定了森林蓄积量较 2005 年增加 45 亿立方米，以应对气候变化，中国庄严承诺有信心及决心实现这一系列目标。与此同时，中国作为发展中国家，也积极向一些不发达国家尽力提供各项支持以适应和抵御气候变化。“坚持共同但有区别的责任等原则，不是说发展中国家就不要为全球应对气候变化作出贡献了，而是说要符合发展中国家能力和要求。中国已经成为世界节能和利用新能源、可再生能源第一大国。二〇一四年，中国单位国内生产总值能耗和二氧化碳排放分别比二〇〇五年下降百分之二十九点九和百分之三十三点八。中国向联合国提交了国家自主贡献，这既是着眼于促进全球气候治理，也是中国发展的内在要求，是为实现公约目标所能作出的最大努力。中国宣布建立规模为两百亿元人民币的气候变化南南合作基金，用以支持其他发展中国家。”② 在坚持共同但有区别的责任原则的基础上，中国积极提供援助，旨在帮助不发达国家和地区提升应对气候变化的能力，有力体现了中国的大国意识、大国责任和大国风范。

---

① 中共中央文献研究室．习近平关于社会主义生态文明建设论述摘编［M］．北京：中央文献出版社，2017：129－130．

② 同①132－133．

三、坚持共商、共建和共享的原则

在全球治理事务上，中国提倡共商、共建、共享的全球治理观。在全球生态治理领域坚持共商、共建和共享原则，意味着全球生态治理规则的制定、秩序的建立等过程都必须由各个主体共同协商，而生态治理成果同样由所有主体共同分享。应对全球性生态挑战，往往需要国家之间的合作，以共同应对和解决生态环境问题；与此同时，鉴于各国发展阶段、发展能力和发展水平的不同，也应该坚持包容共享的原则，共同治理、共同进步，促进各国共享治理成果。因此，中国倡导各国秉承合作共赢和包容共享的原则，在共同开展全球生态治理中实现互利共赢。在这一原则中，履行各自责任是前提，促进共同发展是基础，实现互利共赢是目的。唯有坚持共商、共建和共享的基本原则，才能真正应对气候变化等挑战，共同实现人类社会的安全、稳定与可持续发展。

随着国际社会的风云突变，国际治理体系的格局也在随之变化；而随着时代的发展，现行的全球治理体系与现实需求不相适应的地方也越来越多，国际社会对于推动全球治理体系变革的呼声越来越高。2016 年，习近平主席在 G20 杭州峰会期间谈道："应对气候变化等全球性挑战，非一国之力，更非一日之功。只有团结协作，才能凝聚力量，有效克服国际政治经济环境变动带来的不确定因素。只有持之以恒，才能积累共识，逐步形成有效持久的全球解决框架。只有共商共建共享，才能保护好地球，建设人类命运共同体。"① 在这一过程中，发展中国家的声音和权利应该得到保障。长期以来，中国始终积极参与联合国环境规划署、联合国开发计划署、世界卫生组织以及世界粮食计划署等国际组织的相关事务，长期与相关国际组织保持友好往来和合作，共商共建全球生态治理事务，同时共享治理和发展成果。联合国大会于 2017 年

① 中共中央文献研究室．习近平关于社会主义生态文明建设论述摘编［M］．北京：中央文献出版社，2017：140-141.

9月通过关于“联合国与全球经济治理”的决议，其中纳入了中国提出的共商、共建、共享的治理理念。作为当今世界上具有较强影响力的国家之一，中国通过倡导和坚持共商、共建、共享的治理理念，大力推动各国平等、积极、有效参与全球生态治理，实现人类社会的可持续发展。

总之，在全球生态治理新时代，机遇与挑战并存。中国作为最大的新兴经济体，坚持公正合理的原则，积极参与乃至引领全球生态治理，为全球生态治理贡献了中国智慧。

第3节 参与全球生态治理的中国方案

针对如何开展全球环境治理，国际社会有不同的方案。这些方案所采取的价值理念和方法路径各有不同，或主张开展“深绿”运动，即主张以生态中心主义的哲学价值观为思想和行动核心；或主张开展“浅绿”运动，即主张以经济技术手段进行革新的思想和运动；或主张“红绿”结合，即主张替代资本主义经济政治制度，以此作为解决全球生态危机的前提。这些思想和方案各有其合理性，然而在当下却无法为全球生态危机的治理提供一套普遍适用的理念和方案。在这样的理论和现实背景之下，中国针对全球治理提出了人类命运共同体的全新理念和方案。习近平主席提出：“我们要构筑尊崇自然、绿色发展的生态体系。人类可以利用自然、改造自然，但归根结底是自然的一部分，必须呵护自然，不能凌驾于自然之上。我们要解决好工业文明带来的矛盾，以人与自然和谐相处为目标，实现世界的可持续发展和人的全面发展。”[①] 因此，人类命运共同体的倡议，为全球生态治理贡献了中国智慧与中国方案。

---

① 中共中央文献研究室．习近平关于社会主义生态文明建设论述摘编［M］．北京：中央文献出版社，2017：131.

在参与全球生态治理的过程中，中国的方案集中体现在人类命运共同体这一战略倡议当中。中国坚持共谋全球生态文明建设，因为生态文明建设关乎全人类的未来，建设绿色家园是全人类的共同梦想，保护生态环境、应对气候变化需要世界各国人民同舟共济、共同努力，任何一国都无法置身事外、独善其身。现在，中国“已成为全球生态文明建设的重要参与者、贡献者、引领者，主张加快构筑尊崇自然、绿色发展的生态体系，共建清洁美丽的世界。要深度参与全球环境治理，增强我国在全球环境治理体系中的话语权和影响力，积极引导国际秩序变革方向，形成世界环境保护和可持续发展的解决方案。要坚持环境友好，引导应对气候变化国际合作。要推进‘一带一路’建设，让生态文明的理念和实践造福沿线各国人民”①。人类命运共同体的倡议反映了各国的共同利益和人类社会的共同价值追求，是习近平主席着眼于地球村的客观实际、人类社会发展和世界前途命运所提出的全新的中国理念和中国方案，一经提出即受到国际社会的热烈响应和高度评价。这一方案也多次被载入联合国重要文件当中，成为中国参与全球治理并引领时代潮流的有力证明。

一、全球生态治理需要兼顾经济社会发展与生态环境保护

人类与大自然共生共存，伤害大自然则终将伤害人类自身。因此，生态治理的前提和基础就是人类需要改变资本主义工业化历史上存在的、人类对于大自然的工具主义思维，树立尊重自然、顺应自然、保护自然的生态文明理念。因为人类虽然可以适度利用和开发自然，但人类自身归根结底仍属于自然界。因此，全球生态治理必须树立科学的自然观，兼顾经济社会发展与生态环境保护。

人类命运共同体的倡议，既涉及政治、安全、经济、文化等领域，也涉及生态领域，其根本目的就是实现经济发展、文化进步、社会安全、生态良好以及国际和平。本质上涉及的内容既有国与国、人与人

① 习近平．推动我国生态文明建设迈上新台阶［J］．求是，2019（3）．

（社会）的关系，更包含人与自然之间的关系，即人与自然的生命共同体；既要打造“持久和平、普遍安全、共同繁荣与开放包容”的人类命运共同体，也要塑造清洁美丽的世界。在气候变化巴黎大会的开幕式上，习近平主席谈道，巴黎协议的意义在于“既要有效控制大气温室气体浓度上升，又要建立利益导向和激励机制，推动各国走向绿色循环低碳发展，实现经济发展和应对气候变化双赢”①。在这样的愿景下，开展全球生态治理的基本要求就是各国在追求经济社会发展的过程中，要注意兼顾经济利益、社会利益与生态环境利益。通过平衡好经济社会发展与生态环境保护之间的关系，走绿色、低碳、循环、可持续发展的道路。

二、全球生态治理需要兼顾国家利益与人类共同利益

在当今世界，主权国家依然是国际政治、经济运行的主要行为体，因此，国家利益也就成为各国对外交往的根本出发点和落脚点。然而，随着生态危机的全球扩散，许多环境问题与生态挑战已经超越了传统的国别界限，如生物多样性的丧失、全球气候变暖的威胁等。如何有效应对这些生态挑战，已经成为各国保障生态安全、实现自身利益所共同面临的问题，因此，也就成为人类应该共同面对和解决的问题。生态危机的全球性以及开展生态治理的互惠共赢特质，意味着坚守本国利益是基本出发点，但共同应对环境挑战、共同开展生态治理则需要站在人类命运共同体的高度，从人类社会的共同利益出发开展全球生态治理。

开展全球生态治理，意味着各国在追求自身经济社会发展的同时，兼顾全球气候与生态环境利益；在维护自身生态安全的同时，要兼顾国际社会的生态安全；在谋求自身最佳生态利益的同时，不以牺牲别国或地区生态利益为代价；在促进并实现本国生态利益的同时，积极带动其

---

① 中共中央文献研究室．习近平关于社会主义生态文明建设论述摘编［M］．北京：中央文献出版社，2017：134．

他国家和地区共同发展。习近平主席指出："建设生态文明关乎人类未来。国际社会应该携手同行，共谋全球生态文明建设之路，牢固树立尊重自然、顺应自然、保护自然的意识，坚持走绿色、低碳、循环、可持续发展之路。在这方面，中国责无旁贷，将继续作出自己的贡献。"[①] 在应对气候变化问题方面，中国积极敦促发达国家承担历史性责任，兑现减排承诺，并帮助发展中国家减缓和适应气候变化。这样，才能形成各国共同应对生态危机、实现绿色发展的最大公约数。

三、全球生态治理需要平衡话语权与大国责任担当

近年来，随着国际力量对比发生深刻变化，应对全球性挑战、增强全球治理的有效性和公正性正在成为国际社会的基本共识。在这一过程中，新兴经济体的话语权逐渐上升，但传统西方国家主导的全球治理体系仍然发挥着控制作用。因此，国际社会争夺全球治理的主导权及规则制定权的竞争十分激烈。全球生态治理尽管应对的是全球生态危机、迎接的是环境挑战，但对于发达国家和发展中国家的意义不尽相同。全球生态治理表象上看涉及的是环境权，实质上涉及发展权甚至国家主权。因为权、责是相伴而生的，这就意味着，任何国家如果承担了全球生态治理的话语权（一般意义上都会涉及大国），也就应该承担起全球生态治理的责任，在主导全球生态治理的进程中，兼顾各国权利的行使与责任的承担；与此同时，必须关注和照顾到不发达国家和地区的权益。习近平主席在出席 2015 年气候变化巴黎大会时，谈及全球气候治理问题时，积极倡导"四个有利于"，即有利于实现公约目标和引领绿色发展，有利于凝聚全球力量并鼓励广泛参与，有利于加大发达国家投入和强化行动保障，有利于兼顾各国国情和讲求务实有效。这些原则和倡议集中体现了包容和平、共建共享的人类命运共同体理念。这样，基于共创"持久和平、普遍安全、共同繁荣、开放包容、清洁美丽的世界"的人

---

① 中共中央文献研究室. 习近平关于社会主义生态文明建设论述摘编 [M]. 北京：中央文献出版社，2017：131.

类命运共同体方案，各国才能在全球生态治理的进程中，本着和平互惠、共筑安全、绿色发展和文明有序的立场，共同、积极开展全球生态治理。

作为负责任大国，中国在促进世界和平与繁荣发展、应对全球生态危机的进程中，发挥着重要的大国作用。随着自身国际地位的提升与实力的增强，不仅提出了人类命运共同体的方案和理念，还与联合国及环境规划署以及其他国际组织和平台合作，积极推进全球生态治理。中国呼吁世界各国“坚持同舟共济、权责共担，携手应对气候变化、能源资源安全、网络安全、重大自然灾害等日益增多的全球性问题，共同呵护人类赖以生存的地球家园”①。通过发挥大国作用、承担大国责任，为全球生态治理积极提供中国方案、贡献中国智慧。

总之，在坚持正确的义利观的前提下，中国为全球生态治理贡献了中国方案，深化和发展了全球生态治理的基本原则。

第 4 节 参与全球生态治理的国家战略

当前，中国参与生态治理的国家战略涉及国内和国际两个层面。在国内层面上，主要涉及打好污染防治攻坚战、解决突出生态环境问题、完善生态文明体制、构建生态文明体系等，大力推进生态文明建设；在国际层面上，通过应对全球气候治理、建设绿色“一带一路”、建设核安全命运共同体、构建能源命运共同体以及发展绿色金融等国家战略，积极参与全球生态治理并推进经济社会协同发展。

一、积极应对全球气候变化

气候变化议题是人类历史上最具共识的议题之一，每一个国家都无

① 中共中央文献研究室．习近平关于社会主义生态文明建设论述摘编［M］．北京：中央文献出版社，2017：128.

法置身事外，也无法独自应对。中国一直是应对气候变化的积极行动者，是全球气候治理的积极参与者；在气候变化巴黎大会上所贡献的中国方案，有力凝聚了各国共识，使中国逐渐成为全球气候治理的引领者。

从 1992 年联合国大会通过《联合国气候变化框架公约》至今，国际社会携手应对气候变化已经有 20 余年的历史。《公约》是迄今为止世界各国共同应对气候变化最为核心和根本性的国际法律文件，为国际气候谈判确立了包括共同但有区别的责任原则以及各自能力原则等在内的基本原则。中国一直以来积极参与历届《公约》缔约方大会，积极参与并推动全球气候治理。1997 年，《京都议定书》的签订旨在落实《公约》，但由于实行的是“自上而下”的治理模式，注重区别原则而弱化了共同原则，使得很多发展中国家置身事外。因此，在气候变化巴黎大会召开前夕，180 多个国家都递交了国家自主贡献文件，这些国家涉及全球 95%以上的碳排放量，这种“自下而上”的治理方式和减排模式实现了全球气候治理的改革和创新。但是，在气候变化巴黎大会召开之前，国际社会形势不明，能否真正形成预计成果并不明朗。鉴于此，中国政府表明中国的立场和观点，于 2015 年 6 月底向联合国气候变化框架公约秘书处提交了中国应对气候变化国家自主贡献文件。其中，中国明确提出：“到 2020 年单位国内生产总值二氧化碳排放比 2005 年下降 40%—45%，非化石能源占一次能源消费比重达到 15%左右，森林面积比 2005 年增加 4 000 万公顷，森林蓄积量比 2005 年增加 13 亿立方米。”① 中国在文件中还对 2015 年的协议谈判提出了一系列意见。在总体上，中国认为，气候变化巴黎大会应在《联合国气候变化框架公约》的原则下进行，以实现《公约》为目标。“谈判的结果应遵循共同但有区别的责任原则、公平原则、各自能力原则，充分考虑发达国家和发展中国家间不同的历史责任、国情、发展阶段和能力，全面平衡体现减

① 强化应对气候变化行动：中国国家自主贡献［EB/OL］. http://www.gov.cn/xinwen/2015-06/30/content_2887330.htm.

缓、适应、资金、技术开发和转让、能力建设、行动和支持的透明度各个要素。谈判进程应遵循公开透明、广泛参与、缔约方驱动、协商一致的原则。”① 中国的减排决心和力度，以及中国针对气候变化巴黎大会所提出的方案，受到国际社会的广泛认可和赞誉。

在气候变化巴黎大会开幕式上，习近平主席进一步全面阐述了中国对全球气候治理的看法和主张。他强调，巴黎协议应致力于实现公约目标并引领绿色发展，凝聚共识并促进广泛参与，加大投入并强化行动保障，同时还要兼顾各国国情，务实发展。应对气候变化需要各国携手共行，打造人类命运共同体。在2017年美国宣布退出《巴黎协定》之际，中国积极表态，承诺与各国共同努力推进气候大会成果，继续推动全球走向绿色、低碳和可持续发展。习近平主席语重心长地提出：“《巴黎协定》符合全球发展大方向，成果来之不易，应该共同坚守，不能轻言放弃。这是我们对子孙后代必须担负的责任!”② 2018年12月，波兰气候大会谈判曲折不断，缔约方由于各有诉求导致谈判艰难，中国代表团积极与利益相关方沟通协调并积极斡旋，促使各方达成共识，大会最终正式通过《巴黎协定》实施细则。中国作为发展中国家，积极献策献力，搭建发达国家与发展中国家沟通和谈判的桥梁，受到国际社会的广泛赞誉。

中国在全球气候治理过程中的立场、原则和主张，有利于最大程度凝聚国际共识，扎实推进全球气候治理。

二、打造绿色“一带一路”

2013年，习近平主席在出访哈萨克斯坦和印度尼西亚时分别提出共同建设“丝绸之路经济带”和“21世纪海上丝绸之路”的倡议。之后，“一带一路”倡议逐渐走进世界舞台并引发全球共鸣。中国提出“一带

---

① 强化应对气候变化行动：中国国家自主贡献［EB/OL］. http://www.gov.cn/xinwen/2015-06/30/content_2887330.htm.

② 中共中央文献研究室. 习近平关于社会主义生态文明建设论述摘编［M］. 北京：中央文献出版社，2017：143.

一路”倡议，并非立足于一体化理论，而是倡导务实的互联互通理论，促进沿线各国的经济、社会和环境协调发展。其中，绿色“一带一路”的建设，正是中国倡导参与全球环境治理并推动绿色发展理念的重要实践。

绿色“一带一路”倡议的提出是一个渐进的过程。2016年6月，习近平主席在乌兹别克斯坦的最高会议立法院进行演讲时提出，要着力深化环保领域合作，践行绿色发展的理念，加大保护生态环境力度，共同携手打造“绿色丝绸之路”。可以说，打造“绿色丝绸之路”有利于避免环境风险、加强绿色开发与合作。2017年5月，首届“一带一路”国际合作高峰论坛于北京召开，习近平主席在开幕式上发表了题为《携手推进“一带一路”建设》的讲话。针对可持续议题，习近平主席提出了一系列倡议。主要包括：建设全球能源互联网，实现绿色低碳发展；践行绿色发展的新理念，倡导绿色、低碳、循环和可持续的生产生活方式，同时加强生态环保合作，建设生态文明，共同实现2030年可持续发展目标等[①]。此次高峰论坛提出了建立生态环保大数据服务平台以及“一带一路”绿色发展国际联盟等。其中，生态环保大数据服务平台已于2016年9月27日在北京正式启动并对外发布；“一带一路”绿色发展国际联盟则由联合国环境规划署牵头，中国环境保护部做支撑，旨在促进“一带一路”沿线国家在生态、金融和环境等方面的合作，提升环境治理和绿色发展的能力。

此外，为贯彻绿色“一带一路”倡议，2017年5月，环境保护部、外交部、国家发展改革委及商务部联合发布了《关于推进绿色“一带一路”建设的指导意见》。这一文件提出通过近期及长期规划，深化环保合作，建立起较为完善的生态环保合作、交流及保障体系，防范生态环境风险、保障生态安全，旨在提升“一带一路”沿线国家的环境保护能力及区域可持续发展水平。通过建设绿色“一带一路”，促进沿线各国

① 中共中央文献研究室．习近平关于社会主义生态文明建设论述摘编［M］．北京：中央文献出版社，2017：144-145.

繁荣发展，实现2030年可持续发展目标。

三、建设核安全命运共同体

核安全问题内容丰富，既涉及发展安全的核能技术，也包含妥善处理核恐怖主义和防止核扩散。核安全问题不仅关系一国经济的可持续发展、社会的稳定以及生态环境的安全，也关系到国际社会的和平和安宁，因此，已经成为全球治理的重要领域之一。在促进全球核安全问题上，中国积极提出新理念、发出新倡议，已经成为促进国际核安全的重要力量。

国际核安全问题的解决、核安全体系的建设，都离不开中国的参与。2010年，首届核安全峰会在华盛顿召开。从国际和平稳定的大局以及中国的大国责任出发，中国高度重视核安全问题的全球治理工作，国家领导人连续出席了四届核安全峰会，明确了中国对全球核安全问题的态度，提出了中国的核安全方案。2012年，在荷兰海牙核安全峰会上，习近平主席提出，加强核安全是一个长期、持续的进程，需要坚持理性、协调、并进的核安全观；全球核安全治理需要兼顾发展与安全、权利与义务、自主与协作、治标与治本。中国倡导的核安全观体现了中国参与全球核安全治理的公平、公正的理念与方案。同时，习近平主席还强调："发展和安全并重，以确保安全为前提发展核能事业。作为保障能源安全和应对气候变化的重要途径，和平利用核能事业，如同普罗米修斯带到人间的火种，为人类发展点燃了希望之火，拓展了美好前景。同时，如果不能有效保障核能安全，不能妥善应对核材料和核设施的潜在安全风险，就会给这一美好前景蒙上阴影，甚至带来灾难。要使核能事业发展的希望之火永不熄灭，就必须牢牢坚持安全第一原则。"① 可见，发展核能虽是各国之权利，然而，确保核安全也是各国之职责。因此，必须使各国政府和核能企业认识到，任何以牺牲安全为代价的核能

① 中共中央文献研究室. 习近平关于社会主义生态文明建设论述摘编［M］. 北京：中央文献出版社，2017：127.

发展都不可能持续，都不是真正的发展。只有采取切实举措，才能真正管控核风险；只有实现安全保障，核能事业才能持续发展。在此次峰会上，习近平主席还提出中国为维护国际核安全所做的努力和规划，如参与构建国际核安全体系、加强核安全国际合作、维护地区及世界和平与稳定等。

在此基础上，2016年4月1日，习近平主席在华盛顿出席第四届核安全峰会时发表了《加强国际核安全体系，推进全球核安全治理》的重要讲话，进一步指明了中国落实核安全观的规划和路线。在这次峰会上，习近平主席倡导强化国际合作，努力推动协调并进势头，并积极倡导核安全命运共同体的理念。“核恐怖主义是全人类的公敌，核安全事件的影响超越国界。在互联互通时代，没有哪个国家能够独自应对，也没有哪个国家可以置身事外。在尊重各国主权的前提下，所有国家都要参与到核安全事务中来，以开放包容的精神，努力打造核安全命运共同体。”① 构建核安全是国际社会的共同责任，加强国际合作、共同参与是核安全体系发展的主流方向。

总之，核安全命运共同体的提出，表明了加强国际核安全体系建设的中国方案，展现了中国作为大国的责任和担当。

四、构建能源命运共同体

传统化石能源的大量使用，正给全球生态环境和气候变化带来一系列挑战，如何破局并实现能源结构科学转型，是各国普遍面临的重要发展问题。因此，命运共同体理念体系还包含构建能源命运共同体的方案。能源命运共同体理念内涵丰富，且超越民族、国家和意识形态，是中国在开展包括全球生态治理在内的全球治理进程当中提出的有特色的中国方案，受到广泛好评。

当前，世界能源格局正在发生巨大变化。中国在经济不断发展并日

① 习近平. 加强国际核安全体系 推进全球核安全治理［N］. 人民日报，2016-04-03(2).

益融入世界经济体系的同时，在国际能源合作和能源治理的领域中也发挥着日益重要的作用。立足国内与国际形势，中国坚持多元合作与互利共赢的方针，积极打造国际能源合作体系，大力推动建立能源命运共同体。

第一，中国积极参与国际能源治理，完善双边和多边能源合作机制，促进实现能源安全。2013 年，习近平主席在上合组织峰会上提议成立能源俱乐部，以协调本组织框架内能源合作，建立稳定的供求关系，确保能源安全，同时在提高能效和开发新能源等领域开展广泛合作。建立能源俱乐部并充分发挥其作用，可以加强成员国能源政策协调和供需合作，加强跨国油气管道安保合作，确保能源安全。此外，中国还通过构建多元化能源供应格局，建立了与中亚（俄罗斯、土库曼斯坦等国）、中东（沙特阿拉伯等国）和加勒比海地区（特立尼达和多巴哥）的能源合作框架，促进能源合作，建立能源利益共同体。2013 年 9 月，习近平主席在接受土库曼斯坦、俄罗斯、哈萨克斯坦、乌兹别克斯坦、吉尔吉斯斯坦五国媒体联合采访时谈道，中国-中亚天然气管道已经同中国境内的西气东输二线相连接，成为当今世界最长的天然气管道。产自中亚腹地土库曼斯坦的天然气跨越千山万水，行程 8 000 多公里直抵太平洋沿岸，这是世界能源合作的典范和中土人民友谊的结晶。2016 年 1 月，习近平主席在对沙特阿拉伯进行访问之际，进一步提出合作共赢、共同发展，打造能源合作共同体。作为全球重要的能源消费国，中国通过建构稳定的能源合作关系，对加强国际能源治理、促进全球能源安全起到了重要的作用。

第二，在打造能源合作体系的过程中，中国充分关照资源国的经济社会发展以及民生需求，通过能源合作实现互利共赢。2016 年 12 月，国家发展改革委、国家能源局联合下发的《能源生产和消费革命战略（2016—2030）》，强调要加强全方位的国际合作，打造能源合作的利益共同体与命运共同体，实现互利共赢。例如，在与特立尼达和多巴哥进行能源合作时，中国强调“积极推进基础设施建设、能源、矿产等领域合作，在农业、渔业、科技、投融资、通信、新能源等领域开拓新的合作"[①]。通过构建能源利益共同体，创新合作方式并拓宽合作面，中国促进了能源领域的国际共商共建共享。

第三，在加强能源合作的过程中，中国倡导承担应对气候变化的国际责任和义务。在加强能源合作的进程中，中国一直注重应对气候变化问题，坚持共同但有区别的责任原则。一方面，推动发达国家履行《联合国气候变化框架公约》，切实履行大幅度及率先减排的义务；另一方面，支持发展中国家在开发清洁能源、保护生态环境等方面实现长足发展。在 G20 杭州峰会期间，能源合作与绿色发展成为重要内容。"根据《二十国集团能源合作原则》，我们重申致力于构建运转良好、开放、竞争、高效、稳定和透明的能源市场，建设能更好地反映世界能源版图变化、更有效、更包容的全球能源治理架构，塑造一个负担得起、可靠、低温室气体排放和可持续的能源未来，同时利用好能源资源和技术。"[②]与此同时，二十国成员国"重申承诺在中期内规范并逐步取消低效的、鼓励浪费的化石燃料补贴，同时向贫困人群提供支持。我们欢迎二十国集团国家在落实其承诺方面取得的进展并期待未来取得进一步进展"[③]。中国作为主席国，积极推动成员国加强能源合作并保护生态环境。在推动构建能源命运共同体的过程中，通过加强各国能源、科技和经济往来，兼顾发展与环保，符合各国发展利益和国际正义，彰显了中国负责任的大国形象。

总之，打造能源命运共同体，加强能源合作，有利于各国实现互惠互利、积极应对气候变化，完善全球生态治理结构和模式。

五、大力发展绿色金融

在建设生态文明、推动全球生态治理的进程中，中国还积极施行绿色金融战略，推动绿色发展。

尽管中国的绿色金融市场实行时间在全球并不靠前，但是，随着绿

---

① 习近平．共同推进中特互利发展的友好合作关系：在同特立尼达和多巴哥总理比塞萨尔举行会谈时的讲话［N］．人民日报，2013-06-01（2）．

②③ 二十国集团领导人杭州峰会公报［N］．人民日报，2016-09-06（4）．

色发展理念和绿色经济在中国的大力推行，中国日益重视绿色金融的发展。2017 年，中共十九大报告明确提出要发展绿色金融。这意味着绿色金融已经成为中国发展绿色经济、参与全球生态治理的重要战略和推手。一方面，这符合全球经济的绿色转型趋势；另一方面，发展绿色经济也有利于促进中国自身绿色产业、绿色金融等领域的健康发展。截至 2017 年底，中国债券市场上的绿色债券发行量已经达到 1 543 亿元，在全球发行量中占比 15%，位居世界第二。中国的绿色金融发展已经走在国际前列，成为全球绿色金融的领跑者。

中国在区域性国际组织当中积极倡议发展绿色金融，助力全球的绿色发展。在中国的倡议下，2015 年 12 月 15 日，G20 财务和中央银行代表会议在中国三亚通过了于 2016 年 G20 杭州峰会期间启动绿色金融研究小组（Green Finance Study Group，GFSG）的提案。该小组由中国（中国人民银行）与英国（英格兰银行）共同主持工作，联合国环境规划署作为秘书处提供支持，小组成员 80 余名，来自 6 个国际组织和所有的 G20 成员国。绿色金融研究小组的目标是确定绿色金融的制度及市场障碍，并根据各国家的经验，增强金融体系动员民间资本进行绿色投资的能力。在 G20 杭州峰会期间，中国作为主席国提出了绿色金融的新议题，旨在应对环境挑战、促进绿色投资，进而推动全球经济绿色转型。《二十国集团领导人杭州峰会公报》指出，促进全球可持续发展有必要实施绿色金融；鉴于发展绿色金融所面临的诸多挑战，“我们欢迎绿色金融研究小组提交的《二十国集团绿色金融综合报告》和由其倡议的自愿可选措施，以增强金融体系动员私人资本开展绿色投资的能力”①。绿色金融研究小组在 2018 年更名为“可持续金融研究小组”（Sustainable Finance Study Group，SFSG），以更直接或间接地支持可持续发展目标框架，实现强劲、平衡、可持续以及包容性增长。该小组自 2016 年开始已连续三年提交了《G20 绿色金融综合报告》，对于促进成员国实现构建绿色金融体系、促进可持续发展起到了重要的作用。

---

① 二十国集团领导人杭州峰会公报 [N]. 人民日报，2016-09-06 (4).

中国作为绿色金融的倡导者和践行者，积极地发挥了大国的责任并起到了良好的示范和引领作用，对于建设清洁美丽世界起到了引领和助力作用。

总之，在参与全球生态治理的进程中，中国秉承公正、互惠、共赢的共识，积极打造人类命运共同体，为有力推动并引领全球生态治理贡献了中国智慧和中国方案。

第 5 节　参与全球生态治理的美好愿景

21 世纪的人类社会，正处于大发展、大变革以及大调整时期。世界多极化、经济全球化日益深入，给人类社会的发展带来全新的机遇；生态危机日渐凸显，气候变化日益严峻，给人类经济社会的发展带来了严峻的挑战。当今时代，倡导绿色、低碳和循环发展已经成为时代潮流。生态文明作为人类文明发展的重要成果，在应对全球性生态危机、为人类社会寻找可持续发展路径方面，具有重要的理论和实践意义。中国正在推进的生态文明建设，不仅对本国，而且对全球其他国家和地区也有较强的参考和借鉴意义。

一、做世界生态文明建设的重要贡献者、参与者和引领者

中共十九大指出，中国特色社会主义进入新时代。这是对中国发展新的历史方位的科学判断。新时代，中国政府本着对中华民族复兴和人类社会可持续发展高度负责的态度，积极推进生态文明建设，全面参与全球生态治理，勇于承担与自身发展阶段和实际能力相统一的国际义务，做世界生态文明建设的重要贡献者、参与者和引领者。

1. 中国对世界生态文明建设的思想引领

中国自古即有天人合一、尊崇自然的历史文化传统。中共十八大以来，中国大力开展生态文明建设，力求走生产发展、生活富裕、生态良好的文明发展道路。中国积极调整经济结构和产业类型，发展优质服务

业；能源转型成效显著，传统化石能源的清洁利用水平不断提高，清洁能源得到快速发展，水电、风电和光伏发电机装机规模等均位列世界第一。中国积极倡导，保护生态环境就是保护生产力，改善生态环境就是改善生产力。中国的发展实践体现了中国坚持绿色转型和低碳发展的道路。中共十九大报告提出“坚持人与自然和谐共生”的基本方略，致力于建设富强民主文明和谐美丽的社会主义现代化强国，向全世界做出中国建设生态文明的庄严承诺。2018 年，中国将“生态文明建设”写入中国共产党党章，实现生态文明入宪，提出并形成了习近平生态文明思想。这一系列建设生态文明的中国行动，都表明了中国建设生态文明的力度、深度和决心，也为全球生态治理提供了中国方案和中国智慧。

2. 中国对世界生态文明建设的实际支持

中国从构建人类命运共同体的高度出发，以实际行动支持和推动全球生态文明建设。一方面，贫困与环境污染和生态破坏往往相伴而生，因此，推进生态文明建设与反贫困是有机统一的。在经济上，中国政府努力实施对外援助、助力国际反贫困事业。2015 年，习近平主席在减贫与发展高层论坛做主旨演讲时提及，新中国成立以来，“60 多年来，中国共向 166 个国家和国际组织提供了近 4 000 亿元人民币援助，派遣 60 多万援助人员，其中 700 多名中国好儿女为他国发展献出了宝贵生命。中国先后 7 次宣布无条件免除重债穷国和最不发达国家对华到期政府无息贷款债务。中国积极向亚洲、非洲、拉丁美洲和加勒比地区、大洋洲的 69 个国家提供医疗援助，先后为 120 多个发展中国家落实千年发展目标提供帮助”①。新中国成立以来，中国自身作为发展中国家，在实现自身经济社会进步的同时，积极推动“南南合作”，累计“实施各类援外项目 5 000 多个，其中成套项目近 3 000 个，举办 11 000 多期培训班，为发展中国家在华培训各类人员 26 万多名”②。中国努力帮助其他发展

---

① 习近平. 携手消除贫困 促进共同发展：在 2015 减贫与发展高层论坛的主旨演讲 [N]. 人民日报，2015-10-17（2）.

② 习近平. 共担时代责任 共促全球发展：在世界经济论坛 2017 年年会开幕式上的主旨演讲 [N]. 人民日报，2017-01-18（3）.

中国家提升发展的能力和水平。另一方面，生态文明建设是一项系统工程，在民生与环保等领域，中国政府积极助力发展中国家提升可持续发展的能力与水平。2015 年，习近平主席宣布中国将设立“‘南南合作援助基金’，首期提供 20 亿美元，支持发展中国家落实 2015 年后发展议程；继续增加对最不发达国家投资，力争 2030 年达到 120 亿美元；免除对有关最不发达国家、内陆发展中国家、小岛屿发展中国家截至 2015 年底到期未还的政府间无息贷款债务；未来 5 年向发展中国家提供‘6 个 100’的项目支持，包括 100 个减贫项目、100 个农业合作项目、100 个促贸援助项目、100 个生态保护和应对气候变化项目、100 所医院和诊所、100 所学校和职业培训中心；向发展中国家提供 12 万个来华培训和 15 万个奖学金名额，为发展中国家培养 50 万名职业技术人员，设立南南合作与发展学院，等等”①。通过系统援助、全面提升发展中国家和最不发达国家的发展能力和生态文明建设能力，促进全球生态文明事业的进步。

总之，中国坚持和平发展道路，不仅志在造福中国人民，而且强调对世界的责任与贡献、为世界人民谋福祉。中国的生态文明建设不仅具有国际视野，同时彰显了大国担当，以科学的思想和可靠的行动成为全球生态文明建设的贡献者、参与者和引领者。

二、建设一个“清洁美丽的世界”

“大道之行也，天下为公。”党的十八大以来，习近平主席在多个国际场合提出构建人类命运共同体，倡议建设清洁美丽的世界。2017 年 1 月，习近平主席在联合国日内瓦总部发表题为《共同构建人类命运共同体》的演讲，其中描绘了中国参与全球生态治理的蓝图。“坚持绿色低碳，建设一个清洁美丽的世界。人与自然共生共存，伤害自然最终将伤及人类。空气、水、土壤、蓝天等自然资源用之不觉、失之难续。工业

---

① 习近平. 携手消除贫困 促进共同发展：在 2015 减贫与发展高层论坛的主旨演讲[N]. 人民日报，2015-10-17 (2).

化创造了前所未有的物质财富，也产生了难以弥补的生态创伤。我们不能吃祖宗饭、断子孙路，用破坏性方式搞发展。绿水青山就是金山银山。我们应该遵循天人合一、道法自然的理念，寻求永续发展之路。”① 2017 年 10 月，中共十九大提出建设“清洁美丽的世界”，强调“要坚持环境友好，合作应对气候变化，保护好人类赖以生存的地球家园”②。这样，就描绘了全球生态治理的美好愿景。

“清洁美丽的世界”作为人类命运共同体的有机构成部分，具有丰富的内涵。“清洁美丽的世界”意味着尊崇自然、绿色发展的生态体系。一方面，要树立尊重自然、顺应自然、保护自然的生态文明理念。在 2013 年 2 月召开的联合国环境规划署第 27 次理事会上，中国的生态文明理念被正式写入规划署决议案文。2016 年 5 月，联合国环境规划署发布了《绿水青山就是金山银山：中国生态文明战略与行动》报告；联合国环境规划署执行主任高度认同中国的生态文明理念，认为生态文明不仅是中国践行可持续发展的有益探索，也为全球其他国家提供了经济、社会和环境协调发展的参考和借鉴。另一方面，还要努力走绿色、低碳、循环的可持续发展道路。联合国环境规划署倡导各国秉持绿水青山就是金山银山的发展理念，加强生态环境保护，推动生产方式和生活方式绿色化，促进全球实现可持续发展。

“清洁美丽的世界”意味着合作、互惠、共生。中国不仅倡导“清洁美丽的世界”的理念，在实践中还积极与各国尤其是广大发展中国家进行多边合作，致力于建设一个真实的“清洁美丽的世界”。通过积极响应《联合国气候变化框架公约》、推动签署《巴黎协定》，引领全球气候合作，应对气候变化；通过南南合作和“一带一路”建设等，助力发展中国家应对气候变化；通过构建核安全命运共同体，促进国际和平与绿色发展；通过倡导建设能源命运共同体，促进全球能源多边合作，打

---

① 中共中央文献研究室．习近平关于社会主义生态文明建设论述摘编［M］．北京：中央文献出版社，2017：143-144．

② 习近平．决胜全面建成小康社会 夺取新时代中国特色社会主义伟大胜利：在中国共产党第十九次全国代表大会上的报告［N］．人民日报，2017-10-28（1）．

造能源合作的利益共同体和命运共同体；通过倡导建设全球能源互联网，促进全球清洁能源实现平稳开发和利用。在建设美丽中国的同时，中国将继续同国际社会携手、共建清洁美丽的世界。

“美美与共，天下大同。”建设“清洁美丽的世界”具有多重战略意义。其一，为克服全球性生态危机提供新的理念。工业化发展模式为人类社会创造了前所未有的物质成果，同时也造成了诸多环境问题与生态破坏，而生态文明正是对西方传统工业文明的积极扬弃。中国提出树立生态文明观念、共建清洁美丽的世界，为解决人类社会的环境问题、建设美好地球家园提供了全新的科学理念。其二，为构筑国际生态安全体系提供了新的方案。打造“清洁美丽的世界”是一项复杂的系统工程。基于共建人类命运共同体的视角，在构建“清洁美丽的世界”的图景中，中国陆续发出了携手应对气候变化、打造核安全命运共同体及能源命运共同体等倡议，旨在全面推动全球生态治理、与各国共筑全球生态安全体系。其三，有利于兼顾不同国家利益、凝聚人心，共建全球生态文明。应对全球环境问题是各国共同的责任，人们理应彼此关照、共筑命运共同体。但是，由于各国发展阶段、发展权益不同，导致各国所持立场不同，南北分歧始终存在。中国是发展中国家，同时也是负责任大国，因此，中国坚决反对生态帝国主义、坚决维护国际环境正义，始终坚持共同但有区别的责任原则。在气候谈判等领域，中国既承诺履行大国义务，也努力架好沟通桥梁，积极推进生态治理的全球合作。“清洁美丽的世界”的提出，表明中国开展环境外交以及推进国际合作的精神和原则，有利于最大程度求同存异、共同推进全球生态文明建设事业。

总之，对内建设一个“富强美丽的中国”，对外建设一个“清洁美丽的世界”，二者交相辉映，共同编织新时代中国生态文明建设的美好愿景。

结　语

中国人口众多、资源相对有限、生态环境恶化，在全面建成小康社会的进程中，积极推进生态文明建设，其影响无疑具有世界性，是对人类文明的重大贡献。

当代中国生态文明建设在取得巨大成就的基础之上，也积累了一定的成功经验。其一，坚持中国共产党对生态文明建设的领导。中国共产党在开展生态文明建设的进程中，将生态环境视为关系党的使命与宗旨的重大政治问题，视为关系民生的重大社会问题，将生态文明建设纳入中国特色社会主义“五位一体”总体布局和“四个全面”战略布局，将生态文明写入党章和宪法中，以最高的使命感和责任感开展社会主义生态文明建设。其二，坚持以人民为中心的价值导向。生态文明建设致力于满足人民群众的生态环境需要，维护人民群众的生态环境权益。中国近年来大力开展大气、水、土壤污染防治攻坚战，是发展中国家里第一个大规模开展 PM2.5 治理的国家，以实际行动回应民之所想、所急、所盼。其三，坚持以实现生态文明领域国家治理现代化为制度保障。在实现国家治理体系和治理能力现代化的过程中，中国努力打造生态文明制度的“四梁八柱”，积极推进生态文明领域的行政体制改革，以最严格的制度、最严密的法治保障生态文明。其四，坚持以绿色发展为生态文明建设的现实路径。生态文明既是理念，也是经济社会发展的基本特征。因此，中国积极推进绿色发展、打造绿色经济，推动空间结构、产业结构、生产方式和生活方式的绿色化，不断将生态文明的理念、原则和目标转变为现实。其五，坚持以人与自然和谐共生为理想愿景。一方面，中国推进环境治理体系和治理能力现代化，确立了到 2035 年和本世纪中叶的生态文明远景目标，力求将中国建设成为一个富强民主文明和谐美丽的社会主义现代化强国。另一方面，中国立足人类命运共同体，积极参与并引领全球生态治理，共谋全球生态文明建设，推动打造清洁美丽的世界。这些宝贵的经验成为践行生态文明、建设美丽中国的有益财富。

尽管中国的生态文明建设已经取得了不少实质性成就，生态环境质量得到较大改善，但是，仍然存在不少挑战和问题。其一，产业结构和能源结构仍然有待调整，资源和能源利用效率不高、浪费严重。以煤炭为主的传统能源结构虽然有所改变，但还需要进一步变革。其二，一些地方生态环境治理体系有待优化，治理能力有待提升。地方环境保护还不同程度地存在官僚主义、形式主义等情况，需要进一步落实环保责任和经济社会发展评价绩效等制度。其三，资源环境承载力压力依然巨大，一些地方的大气、水、土壤污染防治还有待推进，国土空间开发和保护工作任重道远。这些矛盾和问题都成为建设生态文明进程中必须面临和克服的挑战。

中国特色社会主义进入新时代，生态文明建设也进入了新时代。现在，“生态文明建设正处于压力叠加、负重前行的关键期，已进入提供更多优质生态产品以满足人民日益增长的优美生态环境需要的攻坚期，也到了有条件有能力解决生态环境突出问题的窗口期”①。在习近平生态文明思想的指导下，中国将继续以前所未有的意愿和力度，打好污染防治攻坚战，大力推进生态文明建设，满足人民群众日益美好的生活需要尤其是对优美生态环境的需要。

---

① 习近平. 推动我国生态文明建设迈上新台阶 [J]. 求是，2019 (3).

作为全球第二大经济体，中国经济的稳健发展对世界经济发展十分重要。在新时代，中国将以绿色发展带动生态文明建设，必将成为拉动世界经济增长的新引擎。作为世界上最大的发展中国家，中国正在以自身的努力，为推动全球生态治理和绿色发展、实现联合国2030年可持续发展愿景做出中国的示范和贡献，引领建设清洁美丽的世界。当然，建设清洁美丽的世界，并非坦途。中国将按照人类命运共同体的科学理念，积极推动世界生态文明建设和全球生态治理。

无论如何，生态文明是当代中国的原创性理念、原则和目标。我们深信，在这一理念、原则和目标的引领下，我们能够将中国建设成为一个富强美丽的中国，将世界建设成为一个清洁美丽的世界。环球同此凉热！

参考文献

1. 习近平. 决胜全面建成小康社会 夺取新时代中国特色社会主义伟大胜利：在中国共产党第十九次全国代表大会上的报告 [N]. 人民日报，2017-10-28 (1-5).

2. 习近平. 在第十三届全国人民代表大会第一次会议上的讲话 [N]. 人民日报，2018-03-21 (2).

3. 习近平. 开放共创繁荣 创新引领未来：在博鳌亚洲论坛 2018 年年会开幕式上的主旨演讲 [N]. 人民日报，2018-04-11 (3).

4. 习近平. 在庆祝海南建省办经济特区 30 周年大会上的讲话 [N]. 人民日报，2018-04-13 (2).

5. 习近平. 加强改革创新战略统筹规划引导 以长江经济带发展推动高质量发展 [N]. 人民日报，2018-04-27 (1).

6. 习近平. 在纪念马克思诞辰 200 周年大会上的讲话 [N]. 人民日报，2018-05-06 (2).

7. 习近平. 携手共命运 同心促发展：在 2018 年中非合作论坛北京峰会开幕式上的主旨讲话 [N]. 人民日报，2018-09-04 (2).

8. 习近平. 在庆祝改革开放 40 周年大会上的讲话 [N]. 人民日报，2018-12-19 (2).

9. 习近平. 推动我国生态文明建设迈上新台阶［J］. 求是，2019（3）.

10. 中共中央关于全面深化改革若干重大问题的决定［N］. 人民日报，2013-11-16（1）.

11. 中共中央关于全面推进依法治国若干重大问题的决定［N］. 人民日报，2014-10-29（1）.

12. 中共中央 国务院关于加快推进生态文明建设的意见［N］. 人民日报，2015-05-06（1）.

13. 生态文明体制改革总体方案［N］. 人民日报，2015-09-22（14）.

14. 中共中央 国务院关于全面加强生态环境保护 坚决打好污染防治攻坚战的意见［N］. 人民日报，2018-06-25（1）.

15. 全国人民代表大会常务委员会关于全面加强生态环境保护依法推动打好污染防治攻坚战的决议［N］. 人民日报，2018-07-11（4）.

16. 习近平谈治国理政［M］. 第1卷. 北京：外文出版社，2014.

17. 习近平谈治国理政［M］. 第2卷. 北京：外文出版社，2017.

18. 中共中央文献研究室. 习近平关于全面深化改革论述摘编［M］. 北京：中央文献出版社，2014.

19. 中共中央文献研究室. 习近平关于全面建成小康社会论述摘编［M］. 北京：中央文献出版社，2016.

20. 中共中央文献研究室. 习近平关于社会主义生态文明建设论述摘编［M］. 北京：中央文献出版社，2017.

21. 中共中央宣传部. 习近平新时代中国特色社会主义思想三十讲［M］. 北京：学习出版社，2018.

22. 国家统计局，环境保护部. 2017中国环境统计年鉴［M］. 北京：中国统计出版社，2017.

23. 国务院. 全国主体功能区规划. http://www.gov.cn/zwgk/2011-06/08/content_1879180.htm.

24. 中华人民共和国国民经济和社会发展第十二个五年规划纲要.

http://www. gov. cn/zc111h/content1825838. htm.

25. 财政部. 全国一般公共预算支出决算表（2013—2017）. http://www. mof. gov. cn/index. htm.

26. 中华人民共和国环境保护法（2014 年修订）. http://www. gov. cn/zhengce2014-04/25/content2666434htm.

27. 中华人民共和国立法法（2015 年修正）. http://www. gov. cn/xin wen/2015-03/18/content2835648. htm.

28. 国务院. 促进大数据发展行动纲要. http://www. gov. cn/zhengce/content/2015-09/05/content_10137. htm.

29. 生态环境部. 生态环境大数据建设总体方案. http://www. mee. gov. cn/gkml/hbb/bgt/201603/t20160311_332712. htm.

30. 中华人民共和国国民经济和社会发展第十三个五年规划纲要. http://www. npc. gov. cn/wxzl/gongbao/2016-07/08/content_1993756. htm.

31. 国务院. "十三五"生态环境保护规划. http://www. gov. cn/zhengce/content/2016-12/05/content_5143290. htm.

32. 国家发展改革委，国家能源局. 能源生产和消费革命战略（2016—2030）. http://www. ndrc. gov. cn/zcfb/zcfbtz/201704/t20170425_845284. html.

33. G20 绿色金融综合报告（2016—2018）. http://unepinquiry. org/g20greenfinancerepositoryeng/.

34. 国务院. "十三五"节能减排综合工作方案. http://www. gov. cn/zhengce/content/2017-01/05/content_5156789. htm.

35. 深化党和国家机构改革方案. http://www. gov. cn/zhengce/2018-03/21/content_5276191. htm＃1.

“认识中国·了解中国”书系

中国智慧：十八大以来中国外交（中文版、英文版）	金灿荣
中国治理：东方大国的复兴之道（中文版、英文版）	燕继荣
中国声音：国际热点问题透视（中文版、英文版）	中国国际问题研究院
大国的责任（中文版、英文版）	金灿荣
中国的未来（中文版、英文版）	金灿荣
中国的抉择（中文版、英文版）	李景治
中国之路（中文版、英文版）	程天权
中国人的价值观（中文版、英文版）	宇文利
中国共产党就是这样成功的（中文版、英文版）	杨凤城
中国经济发展的轨迹	贺耀敏
当代中国人权保障	常　健
当代中国农村	孔祥智
教育与未来——中国教育改革之路（中文版、英文版）	周光礼　周　详
当代中国教育	顾明远
全球治理的中国担当	靳诺 等
中国道路能为世界贡献什么（中文版、英文版、俄文版、法文版、日文版）	韩庆祥　黄相怀
时代大潮和中国共产党（中文版、英文版、法文版、日文版）	李君如
社会主义核心价值观与中国文化国际传播	韩　震
我眼中的中韩关系	［韩］金胜一
中国人的理想与信仰（中文版、英文版）	宇文利
改革开放与当代中国智库	朱旭峰
当代中国政治（中文版、英文版）	许耀桐
当代中国社会：基本制度和日常生活（中文版、英文版）	李路路　石磊 等

国际关注·中国声音（中文版、英文版）　本书编写组
中国大视野 2——国际热点问题透视　中国国际问题研究院
中国大视野——国际热点问题透视　中国国际问题研究所
中国新时代（中文版、英文版）　辛向阳
构建人类命运共同体（修订版）　陈岳　蒲俜
新时代中国声音：国际热点问题透视　中国国际问题研究院
中国生态文明新时代　张云飞
当代中国扶贫（中文版、英文版）　汪三贵
当代中国行政改革　麻宝斌　郝瑞琪
当代中国文化的魅力　金元浦
城镇化进程中的中国伦理变迁　姚新中　王水涣
数字解读中国：中国发展坐标与发展成就（中文版、英文版）　贺耀敏
中国改革和中国共产党　李君如
中国经济：持续释放大国的优势和潜力　张占斌
对话中国（中文版、英文版）　本书编写组
中国的持续快速增长之道　［巴基］马和励

图书在版编目（CIP）数据

中国生态文明新时代/张云飞，周鑫著．—北京：中国人民大学出版社，2020.2
（“认识中国·了解中国”书系）
“十三五”国家重点出版物出版规划项目
ISBN 978-7-300-27783-7

Ⅰ.①中… Ⅱ.①张… ②周… Ⅲ.①生态环境建设-研究-中国 Ⅳ.①X321.2

中国版本图书馆CIP数据核字（2019）第300006号

国家出版基金项目
“十三五”国家重点出版物出版规划项目
“认识中国·了解中国”书系
中国生态文明新时代
张云飞　周　鑫　著
Zhongguo Shengtai Wenming Xinshidai

出版发行	中国人民大学出版社		
社　　址	北京中关村大街31号	**邮政编码**	100080
电　　话	010－62511242（总编室）		010－62511770（质管部）
	010－82501766（邮购部）		010－62514148（门市部）
	010－62515195（发行公司）		010－62515275（盗版举报）
网　　址	http://www.crup.com.cn		
经　　销	新华书店		
印　　刷	涿州市星河印刷有限公司		
规　　格	170 mm×240 mm　16开本	**版　　次**	2020年2月第1版
印　　张	14	**印　　次**	2020年2月第1次印刷
字　　数	195 000	**定　　价**	48.00元